LA LUMIÈRE

ECCE
LABORA ET NOLI
CONTRISTARI

ACTUALITÉS SCIENTIFIQUES.

LA LUMIÈRE

COURS DE NEUF LEÇONS,

SUIVI D'UNE CONFÉRENCE SUR

LE RÔLE SCIENTIFIQUE DE L'IMAGINATION,

Par John TYNDALL,

Professeur à la Royal Institution;

TRADUIT DE L'ANGLAIS PAR L'ABBÉ RAILLARD,

Revu par l'abbé MOIGNO.

DEUXIÈME ÉDITION.

PARIS,

GAUTHIER-VILLARS ET FILS, IMPRIMEURS-LIBRAIRES

DU BUREAU DES LONGITUDES, DE L'ÉCOLE POLYTECHNIQUE,

Quai des Grands-Augustins, 55.

1889

AVANT-PROPOS

DE LA PREMIÈRE ÉDITION.

Je n'essayerai pas de faire ressortir dans une Préface inutile l'intérêt que présente cette Actualité. Le programme d'optique est un chef-d'œuvre, un chef-d'œuvre de science, un chef-d'œuvre de rédaction, un chef-d'œuvre de précision et de finesse au point de vue de l'explication. Il ne définit pas seulement les phénomènes, il les montre à l'œil de l'intelligence et il les fait saisir du regard.

D'un autre côté, la Conférence sur le *Rôle scientifique de l'Imagination* est une perle incomparable, un des plus heureux élans d'un esprit éclairé, fin, délicat, exercé au delà de ce que nous pourrions dire.

F. Moigno.

LA LUMIÈRE

Considérations générales.
Propagation de la lumière en ligne droite.

1. Les anciens ont supposé que la lumière était produite et la vision excitée par quelque chose émanant de l'œil. Les modernes admettent que la vision est produite par quelque chose d'extérieur qui vient frapper l'œil. Quel est ce quelque chose? C'est ce que nous examinerons de plus près dans la suite.

2. Les corps *lumineux* sont des sources indépendantes de lumière. Ils engendrent et émettent la lumière, et ils ne la reçoivent pas d'autres corps. Exemples : le soleil, une étoile, la flamme d'une bougie.

3. Les corps *éclairés* sont ceux qui reçoivent de corps lumineux la lumière qui permet de les voir. Exemples : une maison, un arbre, un homme. Ces corps répandent dans toutes les directions la lumière qu'ils reçoivent; cette lumière arrive aux yeux, et c'est par son action que les corps éclairés sont rendus visibles.

4. Tous les corps éclairés répandent ou réfléchissent la lumière, et ils sont distingués les uns des autres par l'excès ou le *défaut* de lumière qu'ils envoient à l'œil. Un nuage blanc sur un ciel d'un bleu foncé se distingue par son excès de lumière; un pin sombre projeté sur le même nuage se distingue par son défaut de lumière.

5. Regardez un point d'un objet visible. La lumière vient de ce point à l'œil en droite ligne. Les lignes de lumière, ou *rayons* comme on les appelle, arrivent à la pupille formant un *cône*, qui a la pupille pour base, et pour sommet le point d'où elles partent. Le point se voit toujours à l'endroit où les rayons qui forment la surface de ce cône se coupent, ou, comme

nous allons l'apprendre tout à l'heure, à l'endroit où ils *semblent* se couper.

6. La lumière, comme il vient d'être dit, se meut en droite ligne; vous voyez un objet lumineux par le moyen des rayons qu'il envoie à l'œil, mais vous ne pouvez voir autour d'un angle. Un petit obstacle qui intercepte la vue d'un point visible est toujours sur la ligne droite entre l'œil et le point. Faites un petit trou au volet d'une chambre obscure, et faites passer la lumière du soleil par le trou. Un faisceau lumineux étroit marquera son passage sur la poussière de la chambre, et la trace du faisceau sera parfaitement droite.

7. Supposez que l'ouverture soit diminuée au point que le faisceau qui la traverse et qui marque son passage sur la poussière de la chambre soit réduite à une simple ligne. Dans cet état, le faisceau est ce qu'on appelle un *rayon de lumière.*

Formation des images par de petites ouvertures.

8. Au lieu de faire entrer la *lumière directe du soleil* dans la chambre par la petite ouverture, supposez qu'on y fasse entrer la lumière d'un corps éclairé par le soleil; un arbre, une maison, un homme, par exemple. Supposez qu'on reçoive cette lumière sur un écran blanc placé dans la chambre obscure. Chaque point visible de l'objet envoie un rayon droit de lumière par l'ouverture. Le payon apporte avec lui la couleur du point d'où il émane, et imprime cette couleur sur l'écran. La somme totale des rayons qui tombent ainsi sur l'écran produit une image *renversée* de l'objet. L'image est renversée parce que les rayons se *croisent* à l'ouverture.

9. *Démonstration expérimentale.* — Placez une bougie allumée dans une caisse qui a un petit trou à l'un de ses côtés, ou un grand trou recouvert d'une feuille d'étain. Percez la feuille d'étain avec une aiguille; l'image renversée de la flamme apparaitra aussitôt sur l'écran placé pour la recevoir. En approchant la caisse de l'écran ou l'écran de la caisse, on diminue la grandeur de l'image; en augmentant la distance entre l'écran et la caisse, on augmente la grandeur de l'image.

10. On forme le contour de l'image en menant de chaque point du contour de l'objet des lignes droites par l'ouverture,

et en prolongeant ces lignes jusqu'à ce qu'elles rencontrent l'écran. Cela n'aurait pas lieu si les lignes droites ne coïncidaient pas avec les rayons.

11. Certains corps ont la propriété de se laisser traverser librement par la lumière; ce sont les corps *transparents*. D'autres corps ont la propriété d'éteindre rapidement la lumière qui les pénètre; ce sont les corps *opaques*. Il n'y a pas de corps d'une transparence parfaite ou d'une opacité parfaite. Le verre le plus pur et le cristal le plus limpide éteignent quelques rayons; le métal le plus opaque, s'il est assez mince, se laisse traverser par quelques rayons. La couleur rouge du soleil de Londres, lorsque l'air de la ville est enfumé, est due à la transparence partielle de la suie pour les rayons rouges. L'eau pure à de grandes profondeurs est bleue; elle éteint plus ou moins les rayons rouges. La glace vue en grandes masses dans les glaciers des Alpes est pareillement bleue.

Ombres.

12. Comme conséquence du mouvement rectiligne de la lumière, les corps opaques projettent des ombres. Si la source de lumière est un *point*, l'ombre est nettement définie; si la source de lumière est une *surface*, l'ombre parfaite est frangée d'une ombre imparfaite appelée *pénombre*.

13. Lorsque la lumière émane d'un point, l'ombre d'une sphère placée dans la lumière est un cône *divergent* nettement défini.

14. Lorsque la lumière émane d'un globe lumineux, l'ombre parfaite d'une sphère égale au globe en volume est un *cylindre*; elle est bordée d'une pénombre.

15. Si la sphère lumineuse est la plus grande des deux, l'ombre parfaite sera un *cône convergent*; elle sera environnée d'une pénombre. Telle est la nature des ombres projetées dans l'espace par la terre et par la lune, parce que le soleil est une sphère plus grande que la terre et que la lune.

16. Pour un œil placé dans l'ombre conique vraie de la lune, le soleil est éclipsé entièrement; pour un œil placé dans la pénombre, le soleil paraît échancré; pour un œil placé au delà du sommet de l'ombre conique et dans l'espace compris dans

l'intérieur de la surface prolongée du cône, l'éclipse est *annulaire.* Toutes ces éclipses apparaissent réellement de temps en temps à la surface de la terre.

17. L'influence de la grandeur peut être démontrée expérimentalement au moyen d'une flamme en queue de poisson, ou avec une flamme plate d'huile ou de paraffine. Si l'on tient une baguette opaque entre la flamme et un écran blanc, l'ombre est nette lorsque le bord de la flamme est tourné du côté de la baguette. Lorsqu'on tourne la surface large de la flamme du côté de la baguette, l'ombre réelle est frangée d'une pénombre.

18. A mesure que la distance de l'écran augmente, la pénombre empiète de plus en plus sur l'ombre parfaite, et finit par l'effacer.

19. C'est la grandeur angulaire du soleil qui altère la netteté des ombres solaires. A la lumière du soleil, par exemple, l'ombre d'un cheveu est sensiblement effacée à une distance de quelques pouces de la surface sur laquelle elle tombe. Au contraire, la lumière électrique, émanant de petites pointes de charbon, projette une ombre définie d'un cheveu sur un écran éloigné de plusieurs pieds.

Affaiblissement de la lumière par la distance. Loi inverse des carrés.

20. La lumière diminue d'intensité à mesure qu'on s'éloigne de la source lumineuse. Si la source lumineuse est un point, l'intensité diminue *comme le carré de la distance augmente.* Si l'on prend pour unité la quantité de lumière qui tombe sur une surface donnée à la distance d'un pied ou d'un mètre, la quantité qui tombe sur cette surface à la distance de 2 pieds ou de 2 mètres est de $\frac{1}{4}$; à la distance de 3 pieds ou de 3 mètres elle est $\frac{1}{9}$; à la distance de 10 pieds ou de 10 mètres elle est $\frac{1}{100}$, et ainsi de suite. Voilà ce qu'on entend par la loi inverse du carré appliqué à la lumière.

21. *Démonstrations expérimentales.* — Placez votre source de lumière, qui peut être la flamme d'un bougie (quoique la loi ne soit vraie à la rigueur que pour des points), à la distance, par exemple, de 9 pieds d'un écran blanc. Tenez un carré de

carton, ou de quelque autre matière convenable, à la distance de 2 $\frac{1}{4}$ pieds de la flamme, ou le $\frac{1}{4}$ de la distance de l'écran. Le carré projettera une ombre sur l'écran.

22. Assurez-vous que l'aire de cette ombre est égale à seize fois celle du carré qui l'a projetée; un élève d'Euclide verra sur-le-champ que cela doit être, et ceux qui ne sont pas géomètres peuvent aisément s'en convaincre par une mesure réelle. En partageant, par exemple, chaque côté d'une feuille carrée de papier en quatre parties égales, et en pliant la feuille aux points opposés de division, on obtient un petit carré dont l'aire est le $\frac{1}{16}$ de celle du grand carré. Supposez que ce petit carré, ou un autre qui lui soit égal, soit votre corps qui projette l'ombre. Tenez-le à 2 $\frac{1}{4}$ pieds de la flamme; son ombre sur l'écran qui est à 9 pieds de cette flamme sera exactement recouverte par la feuille entière de papier. Si donc on retire le petit carré, la lumière qui tombait sur lui se répandra sur l'aire seize fois aussi grande qui est sur l'écran; elle sera donc réduite au $\frac{1}{16}$ de son intensité première, c'est-à-dire qu'en quadruplant la distance on rend la lumière seize fois moindre.

23. Faites la même expérience en plaçant un carré à 3 pieds de la source de lumière et à 6 pieds de l'écran. L'ombre projetée maintenant par le carré aura neuf fois l'aire du carré lui-même; la lumière qui tombe sur le carré sera donc distribuée sur une partie de la surface de l'écran neuf fois plus grande. Elle sera donc réduite au $\frac{1}{9}$ de son intensité. Cela veut dire qu'en triplant la distance à la source de lumière, on rend la lumière neuf fois plus faible.

24. Faites la même expérience à une distance de 4 $\frac{1}{2}$ pieds de la source. Alors l'aire de l'ombre sera égale à quatre fois l'aire du carré qui projette cette ombre, et la lumière répandue sur le plus grand carré sera réduite au $\frac{1}{4}$ de sa première intensité. Ainsi, en doublant la distance à la source de lumière, on rend l'intensité de la lumière quatre fois moindre.

25. Au lieu de commencer à une distance de 2 $\frac{1}{4}$ pieds de la source, nous aurions pu commencer à une distance de 1 pied. Dans ce cas, l'aire de l'ombre aurait été égale à quatre-vingt-une fois l'aire du carré qui l'aurait projetée; par consé-

quent à la distance de 9 pieds l'intensité de la lumière serait le $\frac{1}{81}$ de ce qu'elle est à la distance de 1 pied.

26. Ainsi lorsque les distances sont

1, 2, 3, 4, 5, 6, 7, 8, 9, etc.,

les intensités relatives sont

1, $\frac{1}{4}$, $\frac{1}{9}$, $\frac{1}{16}$, $\frac{1}{25}$, $\frac{1}{36}$, $\frac{1}{49}$, $\frac{1}{64}$, $\frac{1}{81}$, etc.,

Telle est l'expression numérique de la loi inverse des carrés.

Photométrie, ou mesure de la lumière.

27. La loi qui vient d'être établie nous permet de comparer une lumière à une autre, et d'exprimer par des nombres leurs pouvoirs éclairants relatifs.

28. Plus la lumière est intense, plus l'ombre qu'elle projette est sombre; en d'autres termes, plus est grand le contraste entre la surface éclairée et celle qui ne l'est pas.

29. Placez une baguette verticale devant un écran blanc et une bougie allumée à une certaine distance derrière la baguette; la baguette projettera une ombre sur l'écran.

30. Placez une seconde flamme à côté de la première; une seconde ombre sera projetée, et il est facile de disposer les choses de manière que les ombres soient tout près l'une de l'autre, et permettent à l'œil de les comparer aisément. Si lorsque les lumières sont à la même distance de l'écran les ombres sont également obscures, alors les deux lumières ont le même pouvoir éclairant.

31. Mais si l'une des ombres est plus sombre que l'autre, c'est parce que la lumière qui lui correspond est plus brillante que l'autre. Éloignez de l'écran la lumière la plus brillante, la différence dans l'obscurité des ombres diminuera graduellement, et à la fin l'œil ne pourra distinguer de différence entre elles. L'ombre qui correspond à chaque lumière est éclairée par l'autre lumière, et si les ombres sont égales, c'est que les quantités de lumière projetées sur l'écran par les deux sources sont égales.

32. Mesurez les distances des deux lumières à l'écran et faites le carré de ces distances. Les deux carrés exprimeront les pouvoirs éclairants relatifs des deux lumières. Supposons que

l'une des distances soit 3 pieds et l'autre 5, les pouvoirs éclairants seront entre eux comme 9 est à 25.

Éclat.

33. Mais si la lumière diminue si rapidement avec la distance, si, par exemple, la lumière d'une bougie à la distance d'un mètre est cent fois plus intense qu'à la distance de 10 mètres, comment se fait-il que lorsqu'on regarde les lumières dans les églises ou les théâtres, ou dans de grandes salles, ou les lanternes de nos rues, une lumière à 10 mètres paraisse presque, sinon tout à fait, aussi brillante que si on la tenait à la main?

34. Pour répondre à cette question, je dois anticiper sur mon sujet et vous dire qu'au fond de l'œil est un écran formé d'un tissu de filaments nerveux nommé la *rétine;* et que, lorsque nous voyons une lumière distinctement, son image est formée sur cet écran. Ce sujet sera développé complètement lorsque nous arriverons à traiter de l'œil. Maintenant le sentiment de l'éclat extérieur dépend de l'éclat de cette image intérieure qui se forme sur la rétine, et non de sa grandeur. A mesure qu'on s'éloigne d'une lumière, son image sur la rétine devient plus petite, et il est facile de prouver que la diminution suit la loi inverse des carrés des distances; qu'à une distance double l'aire de l'image sur la rétine est réduite à $\frac{1}{4}$, qu'à une distance triple elle est réduite à $\frac{1}{9}$, et ainsi de suite. La concentration de lumière produite par cette diminution de grandeur compense exactement la diminution produite par la distance; voilà pourquoi, si l'air est pur, la lumière, entre des limites étendues de distance, paraît également brillante à l'observateur.

35. Si un œil pouvait être placé derrière la rétine, on pourrait observer réellement l'augmentation et la diminution de l'image, correspondant à la diminution et à l'augmentation de la distance. Un appareil extrêmement simple nous permettra de démontrer ce point. Prenez un tube de carton ou d'étain, de trois ou quatre pouces de diamètre et de trois ou quatre pieds de longueur, et recouvrez l'une de ses extrémités d'une feuille mince d'étain, l'autre extrémité de papier de décalque ou de papier à lettres ordinaire imbibé d'huile ou de térébenthine.

Percez la feuille mince d'étain avec une aiguille, et tournez l'ouverture du côté de la flamme d'une bougie. L'œil placé derrière l'écran de papier translucide verra sur cet écran une image renversée de la flamme. A mesure qu'on s'approche de la flamme, l'image devient plus grande, et à mesure qu'on s'éloigne de la flamme, l'image devient plus petite; mais son *éclat* demeure toujours le même. Il en est ainsi de l'image formée sur la rétine.

36. Si l'on fait entrer un faisceau de lumière solaire par une petite ouverture, la trace de lumière formée sur un écran éloigné sera *ronde*, quelle que soit la forme de l'ouverture; cet effet a pour cause la grandeur angulaire du soleil. Si le soleil était un *point*, la trace de lumière aurait exactement la même forme que l'ouverture. Supposons que l'ouverture soit un carré, chaque point de lumière de la périphérie du soleil envoie un petit carré sur l'écran. Ces petits carrés sont rangés sur une circonférence correspondante à la périphérie du soleil; en se confondant et en empiétant les uns sur les autres, ils produisent un contour rond. Les trous de lumière formés sur le sol et provenant des rayons qui ont traversé les ouvertures du feuillage d'un arbre sont ronds pour la même raison.

La lumière demande du temps pour traverser l'espace.

37. Ceci a été prouvé en 1675 et en 1676 par un célèbre Danois, nommé Olaf Rœmer, qui observait alors à Paris avec Cassini les éclipses des satellites de Jupiter. La planète, dont la distance au soleil est de 475693000 milles, a quatre satellites. Nous ne nous occuperons maintenant que de celui qui est le plus près de la planète. Rœmer observait ce satellite, il le voyait passer devant la planète, puis de l'autre côté, et alors il se plongeait dans l'ombre de Jupiter, en disparaissant comme une lampe qui s'éteint subitement; à l'autre bord de l'ombre, il le vit apparaître de nouveau comme une lampe qui s'allume subitement. Le satellite jouait ainsi pour l'astronome le rôle d'un signal de lumière qui lui permettait de déterminer exactement la durée de sa révolution. La période entre deux réapparitions successives du signal lumineux fixait cette durée. Elle a été trouvée de 42 heures 28 minutes 35 secondes.

38. Cette observation était si exacte qu'après avoir déterminé l'instant où le satellite émergeait de l'ombre, on pouvait aussi déterminer le moment de sa centième émersion. Elle devait, en effet, arriver 100 fois 42 heures 28 minutes 35 secondes après la première observation.

39. La première observation de Rœmer a été faite lorsque la terre était dans la partie de son orbite la plus rapprochée de Jupiter. Environ six mois après, lorsque la petite lune devait faire son émersion pour la centième fois, elle n'a pas été trouvée exacte au rendez-vous, car elle était de plus de quinze minutes en retard sur le moment calculé. En outre, ses réapparitions retardaient graduellement à mesure que la terre se retirait vers la partie de son orbite la plus éloignée de Jupiter.

40. Rœmer fit ce raisonnement : « Si j'avais pu rester au point de l'orbite de la terre le plus rapproché de Jupiter, le satellite aurait dû toujours apparaître au moment prévu ; un observateur qui y aurait été placé l'aurait vu probablement 15 minutes avant moi, car le retard à l'endroit où je me trouve provient sans doute de ce qu'il faut 15 minutes à la lumière pour arriver du lieu où ma première observation a été faite au lieu où je suis maintenant. »

41. Cet éclair de génie a été immédiatement suivi d'un autre. « Si mon soupçon est fondé, se dit Rœmer, alors à mesure que je me rapprocherai de Jupiter en parcourant l'autre côté de l'orbite de la terre, le retard devra devenir de moins en moins grand, et lorsque je serai revenu au lieu de ma première observation, il ne devra plus y avoir de retard. » Il reconnut que c'était ce qui avait lieu, et il prouva ainsi non seulement qu'il fallait du temps à la lumière pour traverser un espace, mais encore il détermina sa vitesse de propagation.

42. La vitesse de la lumière déterminée par Rœmer est de 192,500 milles, environ 300,000 kilomètres par seconde.

L'aberration de la lumière.

La vitesse étonnante assignée à la lumière par les observations de Rœmer a reçu sa confirmation la plus frappante de l'astronome anglais Bradley en 1723. Dans les jardins de Kew, au moment actuel, existe un cadran solaire qui marque le lieu où Bradley découvrit l'aberration de la lumière.

43. Si nous marchons vite à travers une pluie qui tombe verticalement, les gouttes ne paraîtront plus tomber verticalement, mais elles sembleront venir à notre rencontre. Une déviation semblable des rayons des étoiles produite par le mouvement de la terre dans son orbite est appelée *aberration de la lumière.*

44. Connaissant la vitesse avec laquelle on marche à travers une pluie qui tombe verticalement, et l'angle sous lequel les gouttes de pluie paraissent descendre, on peut calculer facilement la vitesse avec laquelle les gouttes tombent. De même, connaissant la vitesse de la terre dans son orbite, et la déviation des rayons lumineux produite par le mouvement de la terre, on peut calculer immédiatement la vitesse de la lumière.

45. La vitesse de la lumière, déterminée par Bradley, est de 191 515 milles par seconde, accord très frappant avec le résultat de Rœmer.

46. Cette vitesse a été encore déterminée par des expériences sur des distances terrestres. M. Fizeau l'a trouvée de 194 677 milles par seconde, et les dernières expériences de M. Foucault la font de 185,177 milles par seconde.

47. « Un boulet de canon, dit sir John Herschel, mettrait dix-sept ans pour aller au soleil ; tandis que la lumière parcourt le même espace en huit minutes. L'oiseau le plus rapide, dans sa plus grande vitesse, mettrait près de trois semaines à faire le tour de la terre. La lumière fait le même chemin en moins de temps qu'il n'en faut à l'oiseau pour faire un seul battement d'ailes; sa rapidité n'est comparable qu'à la distance qu'elle a à parcourir. On peut démontrer que la lumière ne peut arriver des étoiles fixes les plus rapprochées à notre système en moins de cinq ans, et les télescopes nous révèlent des objets bien des fois plus éloignés. »

La réflexion de la lumière (Catoptrique). — Miroirs plans.

48. Lorsque la lumière passe d'un milieu optique dans un autre, une partie de cette lumière est toujours renvoyée ou réfléchie.

49. La lumière est réfléchie *régulièrement* par une surface polie; mais si la surface n'est pas polie, la lumière est réfléchie *irrégulièrement* ou éparpillée dans tous les sens.

50. Ainsi un morceau de papier à dessin ordinaire disperse dans tous les sens le faisceau de lumière qui tombe sur lui, au point d'éclairer une chambre. Un miroir plan qui reçoit le faisceau de lumière solaire, le réfléchit dans une direction déterminée, et n'éclaire qu'une petite portion de la chambre.

51. Si le poli du verre était parfait, celui-ci serait invisible, nous y verrions seulement les images des autres objets. Si la chambre n'avait pas de particules de poussière, le faisceau lumineux qui traverserait l'air serait aussi invisible. C'est la lumière dispersée en tout sens par le miroir ou par les particules en suspension dans l'air qui les rend visibles.

52. Un rayon de lumière tombant perpendiculairement sur une surface réfléchissante est réfléchi sur lui-même suivant la perpendiculaire; il reprend simplement le chemin qu'il avait suivi. S'il frappe obliquement la surface, il est réfléchi obliquement.

53. Menez une perpendiculaire à la surface au point où elle est frappée par le rayon; l'angle compris entre le rayon *direct* et cette perpendiculaire s'appelle l'*angle d'incidence*. L'angle compris entre le rayon *réfléchi* et la perpendiculaire se nomme l'*angle de réflexion*.

54. C'est une loi fondamentale de l'Optique que *l'angle d'incidence est égal à l'angle de réflexion.*

Vérification de la loi de la réflexion.

55. Remplissez jusqu'au bord un bassin d'eau noircie avec un peu d'encre. Suspendez dans l'eau un petit fil à plomb, — une petite balle de plomb, par exemple, suspendue à un fil. L'eau sera notre miroir horizontal, et le fil à plomb notre perpendiculaire. Supposons que le fil à plomb descende du milieu d'une échelle horizontale, ayant des traits de division à droite et à gauche du point de suspension qui sera le zéro de l'échelle. On placera une bougie allumée d'un côté du fil à plomb, et l'œil de l'observateur sera de l'autre côté.

56. La question à résoudre est celle-ci : comment est ré-

fléchi le rayon qui frappe la surface liquide au pied du fil perpendiculaire? En faisant mouvoir la bougie le long de l'échelle, de telle sorte que le sommet de la flamme soit vis-à-vis de différents numéros de l'échelle, on trouve que pour voir le sommet de la flamme *dans la direction du fil à plomb*, la ligne de vision doit couper l'échelle aussi loin du côté de cette ligne que la bougie l'est de l'autre côté. En d'autres termes, le rayon réfléchi au pied de la perpendiculaire coupe l'échelle exactement à la distance à laquelle se trouve la bougie de l'autre côté de la perpendiculaire. On voit immédiatement par là que l'angle d'incidence est égal à l'angle de réflexion.

57. Avec un horizon artificiel de cette espèce, et en se servant d'un théodolite pour prendre les angles nécessaires, on a établi la loi avec la plus rigoureuse exactitude. Après avoir pris avec l'instrument l'angle de hauteur d'une étoile, on pointe le télescope sur l'image de l'étoile réfléchie par un horizon artificiel. On trouve toujours que le rayon direct et le rayon réfléchi forment des angles égaux avec l'axe horizontal du télescope, le rayon réfléchi étant au-dessous de l'axe horizontal autant que le rayon direct est au-dessus. En raison de la distance de l'étoile, le rayon qui frappe la surface réfléchissante est parallèle au rayon qui arrive directement au télescope; d'où l'on conclut, par une courte mais rigoureuse démonstration, la loi énoncée ci-dessus.

58. Le chemin suivi par le rayon direct et le rayon réfléchi est le plus court possible.

59. Lorsque la surface réfléchissante a des aspérités, des rayons arrivent à l'œil de différents points plus ou moins éloignés les uns des autres. Ainsi une brise qui ride la surface de la Tamise ou de la Serpentine fait réfléchir à l'œil des colonnes de lumière, au lieu des images simples de la flamme des lanternes qui sont sur leurs bords. En soufflant sur notre vase d'eau, nous changeons aussi la lumière réfléchie de notre bougie en une colonne lumineuse.

60. La lumière est réfléchie avec une énergie différente par des corps différents. Sous une incidence perpendiculaire, l'eau ne réfléchit que 18 rayons sur 1000, et le verre 25 rayons sur 1000, tandis que le mercure en réfléchit 666 sur 1000.

61. Lorsque les rayons tombent obliquement, l'eau et le verre réfléchissent une plus grande quantité de lumière

qu'il ne vient d'être dit. Ainsi, sous une incidence de 40°, l'eau réfléchit 22 rayons; à 60°, elle en réfléchit 65; à 80°, 333, et à 89° ½ (presque au ras de la surface), elle réfléchit 721 rayons sur 1008. C'est autant que le mercure en réfléchit sous la même incidence.

62. L'augmentation qui se fait de la lumière réfléchie à mesure que l'obliquité de l'incidence augmente peut être démontrée par notre bassin d'eau. Tenez la bougie de manière que ses rayons fassent un grand angle avec la surface liquide, et remarquez l'éclat de l'image. Abaissez à la fois la bougie et l'œil jusqu'à ce que le rayon direct et le rayon réfléchi rasent aussi près que possible la surface liquide; l'image de la flamme est alors bien plus brillante qu'auparavant.

Réflexion sur les glaces étamées. — On peut faire ici plusieurs expériences instructives et faciles à comprendre avec un miroir de verre étamé.

64. Si vous placez d'abord une bougie entre la glace et votre œil, de telle sorte qu'une ligne menée de l'œil à la bougie soit perpendiculaire à la glace, vous n'apercevrez *qu'une seule* image bien définie de la bougie.

64. Maintenant déplacez l'œil de manière qu'il reçoive une réflexion oblique; l'image n'est plus unique, car vous voyez une série d'images qui d'abord empiètent les unes sur les autres. En rendant l'incidence suffisamment oblique, ces images peuvent être complètement séparées, si la glace est assez épaisse.

65. La première image de la série vient de la réflexion de la lumière sur la surface antérieure de la glace.

66. La seconde image, qui est ordinairement de beaucoup la plus brillante, vient de la réflexion sur la surface étamée de la glace. Sous de grandes incidences, comme nous l'avons déjà appris, la réflexion métallique l'emporte de beaucoup sur celle du verre.

67. Les autres images de la série sont produites par la réverbération de la lumière d'une surface à l'autre de la glace. A chaque renvoi de la surface étamée, une partie de la lumière sort de la glace et arrive à l'œil, en formant une image; une autre partie est de même renvoyée à la surface étamée où elle est réfléchie de nouveau. Une partie de ce faisceau réfléchi arrive aussi à l'œil et donne une autre image. Cette marche

des rayons continue; la quantité de lumière qui arrive à l'œil diminue graduellement, et par suite les images successives s'affaiblissent de plus en plus jusqu'à ce qu'enfin elles soient devenues trop faibles pour être visibles.

68. On peut faire ici une expérience très instructive pour démontrer que la réflexion augmente sur le verre lorsqu'on augmente l'obliquité de l'incidence. Si l'on approche la bougie et l'œil du verre, la première image devient graduellement plus brillante; et l'on finit par rendre l'image réfléchie par le verre plus brillante, plus lumineuse que l'image réfléchie par le métal. On voit souvent des irrégularités dans la réflexion des miroirs; mais avec une bonne glace, et il n'y en a guère qui soient assez défectueuses pour n'avoir pas quelques parties qui soient bonnes, la succession des images est telle qu'on vient de l'indiquer.

69. *Position et caractère des images dans les miroirs plans.* — Sur un miroir plan l'image paraît derrière le miroir aussi loin que l'objet l'est en avant. C'est une conséquence immédiate de la loi qui exprime l'égalité des angles d'incidence et de réflexion. Tirez une ligne qui représente la section d'un miroir plan; marquez un point devant ce miroir. Les rayons émanés de ce point sont réfléchis par le miroir, et viennent à la pupille de l'œil. La pupille est la base du cône de ces rayons. Prolongez ces rayons derrière le miroir; le point sera vu *comme* s'il existait à l'endroit de leur intersection. On prouve facilement que le lieu de l'intersection est aussi loin derrière le miroir que le point l'est en avant du miroir.

70. Il est bon de s'exercer à déterminer les positions des images sur un miroir plan, les positions des objets étant données. On trouve toujours l'image en menant simplement de chaque point de l'objet une perpendiculaire au miroir, et en la prolongeant derrière le miroir de manière que la partie qui sera en arrière soit égale à la partie qui est en avant. On reconnaît ainsi que l'image a les mêmes dimensions et la même forme que l'objet, et qu'elle lui est égale sous tous les rapports, sauf que l'image est dans une *position inverse* de l'objet.

71. Cette inversion nous permet de lire, avec le secours d'un miroir, une écriture à l'envers, comme si elle était faite à la manière ordinaire. Les compositeurs disposent leurs caractères

d'imprimerie de cette manière inverse, les caractères étant renversés sur la feuille d'impression. Un miroir nous permet de lire la page composée comme une page d'impression.

72. Le renversement se produit quand on se regarde dans une glace. La joue droite de la figure, par exemple, est la joue gauche de l'image; la main droite de la personne est la main gauche de l'image, etc. Les cheveux partagés sur la gauche de la tête paraissent partagés sur la droite de l'image, etc.

73. Un miroir plan dont la hauteur est la moitié de celle de l'objet donne une image qui embrasse la hauteur tout entière, ou qui montre l'objet tout entier. Ceci se déduit facilement de ce qui a été établi ci-dessus.

74. Si l'on fait mouvoir un miroir plan parallèlement à lui-même, l'image se meut avec une vitesse double.

75. Il en est de même d'un miroir qui *tourne;* lorsqu'on fait tourner un miroir plan, l'angle décrit par l'image est double de l'angle décrit par le miroir.

76. Dans un miroir incliné de 45 degrés sur l'horizon, l'image d'un objet vertical paraît horizontale, et l'image d'un objet horizontal paraît verticale.

77. Un objet placé entre deux miroirs qui forment un angle donne un nombre d'images qui dépend de l'angle formé par les miroirs. Plus l'angle est petit, plus le nombre des images est grand. Pour trouver le nombre des images, divisez 360° par le nombre de degrés contenus dans l'angle des miroirs; le quotient, si c'est un nombre entier, sera le nombre des images, plus un; il comprendra les images et l'objet. C'est là-dessus qu'est fondée la construction du kaléidoscope.

78. Lorque l'angle est 0, en d'autres termes, lorsque les miroirs sont parallèles, le nombre des images est infini. Mais dans la pratique, on voit entre des miroirs parallèles une longue succession d'images qui deviennent graduellement plus faibles, et qui enfin cessent d'être perceptibles à l'œil.

Réflexion sur les surfaces courbes. — Miroirs concaves.

79. On a déjà dit et démontré que la lumière se meut suivant des lignes droites, qui ont reçu le nom de rayons. Ces rayons peuvent être divergents, parallèles et convergents.

80. Des rayons émanés de points terrestres sont nécessairement divergents. Les rayons qui viennent du soleil ou des étoiles sont sensiblement parallèles, à cause de la distance de ces objets.

81. En les faisant réfléchir convenablement, on peut rendre parallèles ou convergents les rayons émanés de sources terrestres. C'est ce que l'on fait par le moyen de miroirs *concaves*.

82. Dans sa réflexion sur les miroirs concaves, la lumière obéit à la loi déjà énoncée pour les miroirs plans. L'angle d'incidence est égal à l'angle de réflexion.

Fig. 1.

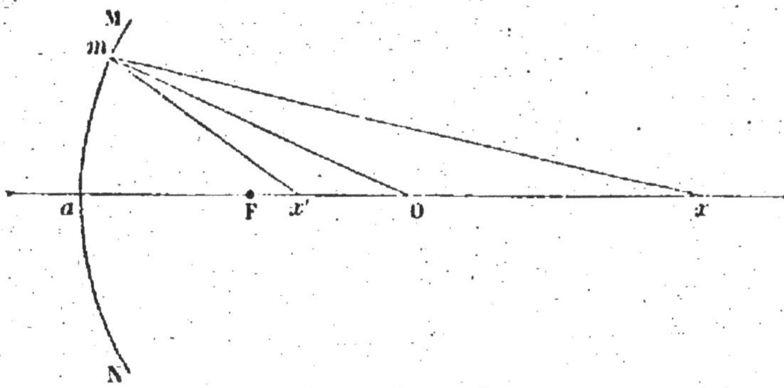

83. Soit MN une petite partie de la circonférence d'un cercle dont le centre est en O. Menons la ligne ax passant par le centre et coupant l'arc MN en deux parties égales en a. Supposons que la courbe MN tourne autour de ax comme axe fixe; cette courbe décrira une partie d'une surface sphérique. Supposons que la surface tournée du côté de x soit argentée, nous aurons alors un réflecteur sphérique concave, et nous avons maintenant à comprendre l'action de ce réflecteur sur la lumière.

84. La ligne ax est l'axe principal du miroir.

85. Tous les rayons émanés d'un point placé au centre O tombent perpendiculairement sur la surface du miroir, et reviennent en O après la réflexion.

86. Un point lumineux placé sur l'axe au delà de O, par exemple en x, lance un cône divergent de rayons sur le miroir. Ces rayons sont rendus convergents par la réflexion, et ils se

coupent en un certain point sur l'axe entre le centre O et le miroir. Dans tous les cas, le rayon direct et le rayon réfléchi, par exemple $x'm$ et mx, font des angles égaux avec le rayon (Om) mené au point d'incidence.

87. Supposons que x soit extrêmement éloigné, par exemple, aussi éloigné que l'est le soleil du petit miroir, ou, plus exactement, supposons qu'il soit *infiniment* éloigné; alors les rayons qui tombent sur le miroir seront *parallèles*. Après la réflexion ces rayons se couperont *en un point qui est au milieu de la distance entre le miroir et son centre.*

88. Ce point, marqué F sur la figure, est le *foyer principal* du miroir; c'est-à-dire que le foyer principal est le foyer des rayons parallèles.

89. La distance entre la surface du miroir et son foyer principal est appelée *distance focale.*

90. En Optique, un objet et son image peuvent toujours prendre la place l'un de l'autre. Si un point lumineux est placé au foyer principal, les rayons qui en émanent sont parallèles après la réflexion. Si le point est placé partout ailleurs entre le foyer principal et le centre O, les rayons après la réflexion couperont l'axe à un certain point au delà du centre.

91. Si le point est placé entre le foyer principal F et le miroir, les rayons après la réflexion seront *divergents;* ils ne se couperont pas du tout, il n'y aura pas de foyer *réel.*

92. Mais si l'on prolonge en arrière ces rayons divergents, ils se couperont *derrière* le miroir, et y formeront ce qu'on appelle un foyer *virtuel*, ou un foyer imaginaire

Avant d'aller plus loin, il est nécessaire de se familiariser parfaitement avec ces simples détails. Étant donnée la position d'un point sur l'axe d'un miroir concave, on n'éprouvera pas de difficulté à trouver la position de l'image ou foyer de ce point, ni à déterminer si ce foyer est *virtuel* ou *réel.*

93. Ainsi il est évident que tandis qu'un point situé à une distance infinie se rapproche jusqu'au centre du miroir, l'image de ce point parcourt seulement la distance entre le foyer principal et le centre. Réciproquement, on voit que pendant qu'un point lumineux passe du centre au foyer principal, l'image du point est portée du centre à une distance infinie.

94. Le point et son image occupent ce qu'on appelle des *foyers conjugués.* Si l'on a bien compris la dernière note (93),

on reconnaîtra que les foyers conjugués se meuvent en sens contraires, et qu'ils coïncident au centre du miroir.

95. Si, au lieu d'un point, on place au delà du centre du miroir un objet ayant des dimensions sensibles, il se formera une image *renversée* de l'objet *diminué* entre le centre et le foyer principal.

96. Si l'objet est placé entre le centre et le foyer principal, il se formera au delà du centre une image renversée et *agrandie* de l'objet. On se rappellera que l'objet et son image peuvent prendre la place l'un de l'autre.

97. Dans les deux cas mentionnés aux nos 95 et 96, l'image est formée dans l'air *en face* du miroir. C'est une image *réelle*. Mais si l'objet est placé entre le foyer principal et le miroir, on voit derrière le miroir une image *droite* et agrandie de l'objet. Ici l'image est *virtuelle*. Les rayons entrent dans l'œil *comme s'ils* venaient d'un objet placé derrière le miroir.

98. Il est clair que les images vues dans une glace ordinaire sont toutes des images virtuelles.

99. Il faut maintenant remarquer que ce qui a été dit relativement à la concentration des rayons dans un *foyer unique* par un miroir concave n'est vrai que lorsque le miroir forme une petite fraction de la surface sphérique. Même alors, cela n'est vrai que pratiquement, et non rigoureusement et théoriquement.

Caustique par réflexion (Catacaustique).

100. Lorsqu'on prend pour miroir une grande fraction de la surface sphérique, les rayons ne se réunissent pas en un seul point; leurs intersections forment, au contraire, une *surface* lumineuse, qu'on appelle en Optique une *caustique* (en allemand, *Brennfläche*).

101. La surface intérieure d'un verre à boire ordinaire est un réflecteur courbe. Prenez un verre plein de lait, et placez à côté une bougie allumée; une caustique courbe se formera sur la surface du lait. Un anneau bien courbé, et argenté intérieurement, fait voir aussi une caustique très belle. Le foyer d'un miroir sphérique est la pointe de la caustique.

102. *Aberration.* — La déviation d'un rayon qui s'éloigne

de cette pointe est appelée *aberration* du rayon. L'impuissance d'un miroir sphérique à concentrer en un seul point tous les rayons qui tombent sur lui se nomme *aberration de sphéricité* du miroir.

103. Des images réelles, comme on l'a déjà dit, se forment dans l'air en avant du miroir concave, et l'on peut les voir dans l'air en plaçant l'œil dans les rayons divergents qui viennent de l'image. Si un écran opaque, comme du papier épais, est mis à l'endroit où se trouve l'image, celle-ci est projetée sur l'écran, et l'œil placé devant l'écran la voit *dans toutes* les positions. Si l'écran est demi-transparent, comme une glace dépolie ou du papier à décalquer, l'œil voit l'image s'il est placé soit devant, soit derrière l'écran. C'est ainsi que les images sont formées dans la fantasmagorie.

On emploie ordinairement des surfaces sphériques concaves comme miroirs ardents. En concentrant les rayons du soleil avec un miroir de trois pieds de diamètre et de deux pieds de distance focale, on peut obtenir des effets très-puissants. Au foyer, l'eau bout rapidement, et des corps combustibles prennent feu sur-le-champ. Du papier épais s'enflamme avec une violente explosion, et une planche est percée comme avec un fer rouge.

Miroirs convexes.

104. Pour le miroir sphérique *convexe*, les positions du foyer et des images se trouvent comme pour un miroir concave. Mais tous les foyers et toutes les images d'un miroir convexe sont virtuels.

105. Ainsi, pour trouver le foyer principal, on mène des rayons parallèles qui, étant réfléchis, forment avec les rayons du miroir des angles égaux à ceux que font les rayons directs avec ces mêmes rayons. Ici les rayons réfléchis sont divergents, mais étant prolongés, ils se coupent au foyer principal *derrière le miroir*.

106. Il suffit de mener *deux* lignes pour fixer la position de l'image de chaque point d'un objet dans les miroirs sphériques, soit concaves, soit convexes. Un rayon mené d'un point par le centre du miroir est réfléchi et passe par le centre; un rayon

mené parallèlement à l'axe passe, après la réflexion, par le foyer principal; ou bien c'est le prolongement du rayon réfléchi qui passe par ce foyer. L'intersection de ces deux rayons réfléchis détermine la position de l'image du point. En appliquant cette construction aux objets d'une grandeur sensible, on trouve que l'image d'un objet dans un miroir convexe est toujours *droite* et *diminue*.

107. Si le miroir est *parabolique* au lieu d'être sphérique, tous les rayons parallèles à l'axe qui tombent sur le miroir sont concentrés en un point à son foyer; réciproquement, un point lumineux placé au foyer envoie des rayons parallèles; il n'y a pas d'aberration. Si le miroir est *elliptique*, tous les rayons émanés de l'un des foyers se réunissent à l'autre foyer. Des réflecteurs paraboliques sont employés dans les phares, où ils ont pour but d'envoyer au loin sur la mer un faisceau puissant formé de rayons aussi parallèles que possible. Dans ce cas, le centre de la flamme est placé au foyer du miroir; mais comme la flamme a une grandeur sensible, et n'est pas un point unique, les rayons du faisceau réfléchi ne sont pas exactement parallèles.

La réfraction de la lumière (Dioptrique).

108. Jusqu'ici nous n'avons porté notre attention que sur la partie d'un faisceau de lumière qui est réverbérée par une surface réfléchissante. Mais en général une partie du faisceau *pénètre* dans le substance réfléchissante, où elle est rapidement éteinte lorsque la substance est opaque (*voir* la note 11), et librement *transmise* lorsque la substance est transparente.

109. Ainsi dans le cas de l'eau, mentionné dans la note 60, lorsque l'incidence est perpendiculaire, tous les rayons sont transmis, sauf les 18 que nous avons dit être réfléchis; c'est-à-dire que, sur 1000 rayons, 982 pénètrent dans l'eau et la traversent.

110. Ainsi pareillement dans le cas du mercure mentionné dans la même note, sur 1000 rayons tombant sur le mercure sous une incidence perpendiculaire, 334 pénètrent dans le métal, et sont éteints à une très petite profondeur au-dessous de la surface.

Nous avons maintenant à considérer cette partie du faisceau lumineux qui entre dans la surface réfléchissante, en prenant pour exemple son passage de l'air dans l'eau.

111. Si le faisceau tombe perpendiculairement sur l'eau, il continue sa marche en ligne droite à travers l'eau; si l'incidence est oblique, sa direction est changée au point où il entre dans l'eau.

Fig. 2.

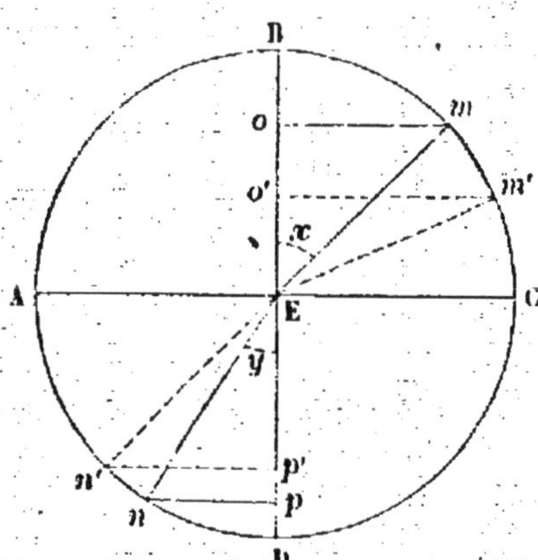

112. Cette courbure du rayon s'appelle *réfraction*. Elle a une grandeur différente dans des substances différentes.

113. La réfraction obéit à une loi très rigoureuse qui doit être parfaitement comprise. Soit ABCD (*fig.* 2), la section d'un vase cylindrique qui est à moitié rempli d'eau. AC est la surface de l'eau, E le centre de la section circulaire du cylindre, et BD une perpendiculaire à la surface en E. Supposons que l'enveloppe du vase soit opaque, par exemple, en cuivre ou en étain, et qu'il y ait en B une ouverture par laquelle un petit faisceau de lumière arrive en E. Le faisceau continuera son chemin en ligne droite jusqu'en D, sans s'en écarter ni à droite, ni à gauche.

114. Supposons que l'ouverture soit en *m*, et que le faisceau frappe *obliquement* la surface de l'eau en E. Sa marche en entrant dans le liquide sera changée: il suivra la direction E*n*.

111. Menez une droite *mo* perpendiculaire à BD, et aussi la droite *np* perpendiculaire à la même droite BD. On trouve

toujours que mo divisé par np est *une quantité constante*, quel que soit l'angle sous lequel les rayons entrent dans l'eau.

116. L'angle marqué x au-dessus de la surface est appelé l'*angle d'incidence;* l'angle en y au-dessous de la surface est appelé l'*angle de réfraction;* et, si l'on prend pour unité le rayon du cercle ABCD, la droite mo sera le *sinus* de l'angle d'incidence, la droite np le *sinus* de l'angle de réfraction.

117. De là cette loi optique de la plus haute importance : *Le sinus de l'angle d'incidence divisé par le sinus de l'angle de réfraction est une quantité constante.* Quelques changements qu'éprouvent ces angles, ce rapport n'est jamais changé. Si l'un d'eux diminue ou augmente, l'autre diminuera ou augmentera de manière à se soumettre à cette loi. Ainsi, si l'incidence a lieu suivant la ligne ponctuée m'E, la réfraction se fera suivant la ligne En, mais le rapport de $m'o'$ à $n'p'$ sera exactement le même que celui de mo à np.

118. La quantité constante dont il question ici s'appelle l'*indice de réfraction*.

119. Un mot de plus est nécessaire pour comprendre parfaitement le sens du terme *sinus*, et la démonstration expérimentale de la loi de la réfraction. Lorsqu'un nombre est divisé par un autre, le quotient est appelé le rapport du premier nombre au second. Ainsi 1 divisé par 2 donne $\frac{1}{2}$, et c'est le rapport de 1 à 2. Ainsi encore 2 divisé par 1 donne 2, et ce nombre est le rapport de 2 à 1. Pareillement 12 divisé par 3 donne 4, et 4 est le rapport de 12 à 3. Réciproquement 3 divisé par 12 est $\frac{1}{4}$, et c'est le rapport de 3 à 12.

120. Dans un triangle rectangle, le rapport d'un côté à l'hypoténuse se trouve en divisant ce côté par l'hypoténuse. *Ce rapport est le sinus de l'angle opposé au côté*, quelque grand ou quelque petit que le triangle puisse être. Ainsi (*fig.* 2), le *sinus* de l'angle x dans le triangle rectangle Eom est réellement le rapport de la droite om à l'hypoténuse Em; on devra l'exprimer sous la forme d'une fraction de cette manière : $\frac{om}{Em}$. De même le *sinus* de y est le rapport de la ligne np à l'hypoténuse En, et devra s'exprimer sous la forme fractionnaire $\frac{np}{En}$. Ces fractions sont les *sinus* des angles x

et y, quelle que soit la longueur des lignes Em ou En. Dans le cas particulier ci-dessus, où ces lignes étaient considérées comme des unités, les fractions $\frac{mo}{1}$ et $\frac{np}{1}$, ou, en d'autres termes, mo et np, deviennent, comme il a été dit, les *sinus* des angles respectifs x et y. Nous sommes maintenant en état de comprendre une démonstration simple mais rigoureuse de la loi de la réfraction.

Fig. 3.

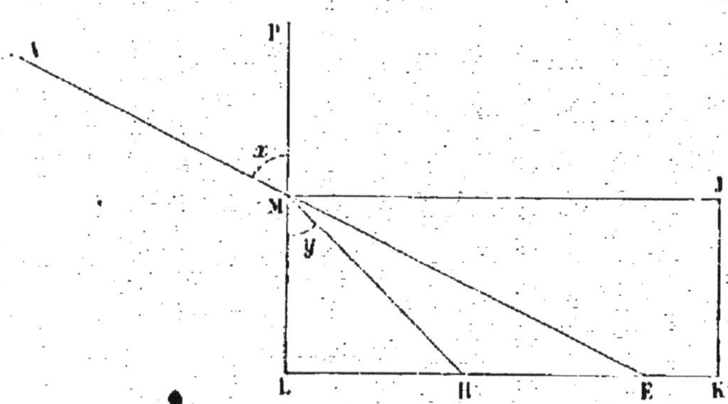

121. MLKJ est une auge en verre à parois parallèles avec une paroi opaque ML. La lumière d'une bougie placée en A tombe dans la caisse, et la paroi ML projette une ombre qui arrive au point E. Remplissez le vase d'eau; l'ombre se retire en H en vertu de la réfraction de la lumière qui se fait au point où elle entre dans l'eau.

122. L'angle compris entre ME et ML est égal à l'angle d'incidence x, et d'après la définition donnée dans la note 120, $\frac{LE}{ME}$ est le *sinus* de cet angle; de même $\frac{HL}{ME}$ est le *sinus* de l'angle de réfraction y. Toutes ces lignes peuvent être mesurées ou calculées. Si on les a ainsi déterminées, et si l'on fait la division, on trouvera toujours que les deux quotients $\frac{LE}{ME}$ et $\frac{LH}{MH}$ sont entre eux dans un rapport constant, quel que soit l'angle sous lequel la lumière de A' frappe la surface du liquide. Ce rapport pour l'eau est de $\frac{4}{3}$, ou, exprimé en décimales, 1,333 (¹).

(¹) Plus exactement, 1,336.

123. Lorsque la lumière passe de l'air dans l'eau, le rayon réfracté *se rapproche* de la perpendiculaire. C'est ce qui a lieu généralement, mais pas toujours, lorsque la lumière passe d'un milieu moins dense dans un milieu plus dense.

124. Le principe de réversibilité, qui règne dans toute l'Optique, trouve ici son application. Lorsque le rayon passe de l'eau dans l'air, il *s'éloigne* de la perpendiculaire; il renverse exactement sa marche.

125. Si au lieu d'eau on prenait du vinaigre, le rapport serait 1,344; avec de l'eau-de-vie on aurait 1,360; avec de l'esprit-de-vin rectifié, 1,372: avec de l'huile d'amandes ou de l'huile d'olive, 1,470; avec de l'essence de térébenthine, 1,605; avec de l'huile d'anis, 1,538; avec de l'huile d'amandes amères, 1,471; avec du bisulfure de carbone, 1,678; avec du phosphore, 2,24.

126. Ces nombres expriment les indices de réfraction des différentes substances mentionnées; toutes ces substances réfractent la lumière plus fortement que l'eau, et il est digne de remarque qu'elles sont toutes *combustibles*, à l'exception du vinaigre.

127. Newton avait observé que les « substances huileuses, en tenant compte de leur densité, réfractaient en général fortement la lumière. » Ce fait, rapproché de cet autre que l'indice de réfraction du diamant s'élevait, d'après les mesures, jusqu'au nombre 2,439, l'a amené à prévoir la possibilité que le diamant fût d'une nature combustible. La prédiction hardie de Newton (¹) a été pleinement accomplie, et la combustion du diamant est une des expériences les plus vulgaires de la Chimie moderne.

128. Il est bon de remarquer ici que la réfraction par l'essence de térébenthine est plus grande que la réfraction par l'eau, quoique la densité de l'essence soit à celle de l'eau comme 874 est à 1000. Un rayon passant obliquement de l'essence dans l'eau *s'éloigne* de la perpendiculaire, quoiqu'il passe d'un milieu moins dense dans un milieu plus dense; et un rayon passant de l'eau dans l'essence de térébenthine se *rapproche* de la perpendiculaire, quoiqu'il passe d'un milieu plus dense

(¹) « Car ce grand homme, qui mettait la plus grande sévérité dans ses expériences, et la plus grande réserve dans ses conjectures, n'hésitait jamais à suivre les conséquences d'une vérité aussi loin qu'elle pouvait le conduire. » — Biot.

dans un milieu moins dense. De là la nécessité des mots « pas toujours », dans la note 123.

129. Si un rayon de lumière traverse une plaque réfringente à surfaces parallèles, ou un nombre quelconque de plaques à surfaces parallèles, en rentrant dans le milieu d'où il est sorti, il reprend sa direction primitive. C'est une conséquence du principe de réversibilité déjà indiqué.

130. En passant par un corps réfringent, ou par un nombre quelconque de corps réfringents, la lumière fait sa traversée dans le *temps le plus court*. C'est-à-dire que, étant donnée la vitesse de la lumière dans les différents milieux, le chemin choisi par le rayon, ou en d'autres termes, le chemin que la réfraction oblige le rayon de suivre, lui permet de faire sa traversée de la manière la plus rapide possible.

131. La réfraction fait toujours paraître l'eau moins profonde, ou une plaque transparente d'une nature quelconque moins épaisse qu'elle ne l'est réellement. L'exhaussement de la surface inférieure d'un cube de verre, produit par cette cause, est très remarquable.

132. Pour comprendre pourquoi l'eau paraît moins profonde, fixez votre attention sur un point du fond de l'eau, et supposez que la ligne de vision de ce point à l'œil soit perpendiculaire à la surface de l'eau. De tous les rayons émanés du point, le seul rayon perpendiculaire à l'eau arrive à l'œil sans réfraction. Ceux qui s'écartent de la perpendiculaire, en émergeant de l'eau, ont leur divergence augmentée par la réfraction. Si l'on prolonge en arrière les rayons divergents, ils se couperont en un point au-dessus du fond réel, et c'est à ce point que le fond paraîtra.

133. Cet exhaussement apparent du fond augmente lorsqu'on regarde obliquement dans l'eau.

134. Par suite de cette élévation apparente du fond, un bâton droit enfoncé dans l'eau paraît brisé à la surface en *s'éloignant* de la perpendiculaire.

Remarquez la différence entre la déviation du bâton et celle d'un faisceau lumineux. Le faisceau en entrant dans l'eau se *rapproche* de la perpendiculaire.

135. Ce soulèvement apparent du fond lorqu'on verse de l'eau dans un vase rend visible un objet placé au fond du vase, et qu'on ne voyait pas lorsque le vase était vide.

Opacité des mélanges transparents.

135. La réflexion accompagne toujours la réfraction; et si l'une des deux disparaît, l'autre disparaît aussi. Un corps solide plongé dans un liquide qui a le même indice réfraction que le solide cesse d'être visible; on ne le voit pas plus qu'on ne verrait une partie du liquide lui même.

137. Mais dans le passage d'un milieu à un autre milieu qui a un indice de réfraction différent, la lumière est toujours réfléchie; et cette réflexion peut être répétée assez souvent pour rendre imperméable à la lumière le mélange de deux substances transparentes. C'est la fréquence des réflexions aux surfaces de séparation de l'air et de l'eau qui rend l'*écume* opaque. Les nuages les plus noirs doivent leur obscurité à cette réflexion répétée, qui *diminue* leur lumière *transmise*. De là aussi leur blancheur par la lumière *réfléchie*. C'est à une cause semblable qu'est due la blancheur et le défaut de transparence du sel commun, et en général de tous les corps transparents lorsqu'ils sont réduits en poudre. Les particules individuelles transmettent librement la lumière; mais les réflexions à leurs surfaces sont si nombreuses que la lumière s'éteint avant d'arriver à une certaine profondeur dans la poussière.

138. La blancheur et l'opacité du papier à écrire sont dues principalement à la même cause. C'est un tissu de fibres transparentes, non en contact optique, qui interceptent la lumière par des réflexions répétées.

139. Mais si les interstices des fibres sont remplis par un corps ayant le même indice de réfraction que les fibres elles-mêmes, la réflexion à leurs surfaces de séparation n'existe plus, et le papier est rendu transparent. C'est la théorie du papier de décalque, à l'usage des ingénieurs. Il est saturé par une espèce d'huile, et les lignes des cartes et des dessins vus à travers ce papier peuvent être facilement copiées. L'eau augmente la transparence du papier, comme elle obscurcit une serviette blanche; mais son indice de réfraction n'est pas assez élevé pour communiquer à l'un ou à l'autre beaucoup de transparence. Mais elle rend translucides certains minéraux qui sont opaques lorsqu'ils sont secs.

140. Plus l'indice de réfraction est élevé, plus la réflexion est abondante. L'indice de réfraction de l'eau, par exemple, est 1,336; celui du verre est 1,5. De là des différentes quantités de lumière réfléchie par l'eau et le verre sous une incidence perpendiculaire, comme on l'a indiqué dans la note 60. C'est la puissance considérable de réfraction du diamant qui lui communique un si grand éclat.

Réflexion totale.

Lisez les notes 123 et 124; puis continuez ici.

141. Lorsque l'angle d'incidence de l'air dans l'eau est presque de 90°, c'est-à-dire lorsque le rayon avant d'entrer dans l'eau rase exactement la surface, l'angle de réfraction est de 48° 30'. Réciproquement, lorsqu'un rayon passant de l'eau dans l'air tombe sur la surface sous un angle de 48°30', le rayon émergeant rasera exactement la surface de l'eau.

142. Si l'angle que le rayon dans l'eau forme avec la perpendiculaire est plus grand que 48°30', le rayon ne sortira pas du tout de l'eau : il sera *réfléchi totalement* à la surface.

143. L'angle qui marque la limite où commence la réflexion totale est appelé l'*angle limite* du milieu. Pour l'eau cet angle est de 48° 27', pour le flint glass il est de 38° 41', et pour le diamant de 23° 41'.

144. Il faut clairement se figurer que les rayons de lumière qui remplissent un espace angulaire de 90° avant d'entrer dans l'eau sont resserrés dans un espace angulaire de 48° 27' à l'intérieur de l'eau, et que pour le diamant cette condensation se fait de 90° à 23° 42'.

145. Pour un œil qui est dans une eau tranquille le bord doit paraître *exhaussé*. Un poisson, par exemple, voit les objets comme par une ouverture circulaire en haut, d'environ 90° (le double de 48°27') de diamètre. Tous les objets au-dessus de l'horizon sont visibles pour lui dans cet espace, et ceux qui sont près de l'horizon sont déformés et rétrécis dans leurs dimensions, surtout en hauteur. En dehors des limites de ce cercle, le fond de l'eau est réfléchi totalement, et par consé-

quent il apparaît aussi vivement que s'il était vu par la vision directe [1].

146. Un effet semblable produit par l'atmosphère donne au soleil et à la lune une forme légèrement aplatie à leur lever et à leur coucher (lorsque leurs disques ne sont pas traversés par des nuages).

147. *Démonstrations expérimentales.* — Placez une pièce de monnaie dans un verre à boire; recouvrez-la d'eau à une hauteur d'environ un pouce, et inclinez le verre de manière à obtenir l'obliquité nécessaire d'incidence à la surface. En regardant la surface en haut, vous y verrez l'image de la pièce de monnaie, et comme la réflexion est totale, l'image sera aussi brillante que la pièce elle-même. Une cuillère plongée convenablement dans le verre, donne aussi une image due à la réflexion totale.

148. Introduisez l'extrémité fermée d'une éprouvette vide dans un verre d'eau. Inclinez l'éprouvette jusqu'à ce que la lumière qui tombe horizontalement sur elle éprouve la réflexion totale. Elle apparaîtra brillante comme de l'argent bruni. Versez un peu d'eau dans l'éprouvette; à mesure que l'eau monte, elle détruit la réflexion totale, et avec elle le brillant, en laissant une zone dont l'éclat diminue graduellement, et qui disparaît tout à fait lorsque le niveau de l'eau intérieure s'élève à la hauteur ou au-dessus du niveau de l'eau extérieure. Un tube quelconque bien bouché peut servir pour cette expérience qui est à la fois belle et instructive.

149. Si un rayon lumineux tombe perpendiculairement sur le côté d'un prisme isocèle rectangle, il entrera dans le verre et arrivera sur l'hypoténuse en faisant avec elle un angle de 45°. Cet angle est supérieur à l'angle limite du verre; le rayon éprouvera donc la réflexion totale; et d'après la loi mentionnée dans la note 54, le rayon direct et le rayon réfléchi formeront entre eux un angle droit. Lorsqu'on a besoin de ce changement de direction à 90° dans les instruments d'optique, on se sert ordinairement d'un prisme isocèle rectangle.

150. Lorsque le rayon entre dans le prisme parallèlement à l'hypoténuse, il se réfracte et arrive à l'hypoténuse sous un angle plus grand que l'angle limite. Il éprouve donc la réflexion

(1) Sir John Herschel.

totale. Si l'objet, au lieu d'être un point, a une grandeur sensible, les rayons de ses extrémités *se croisent* dans l'intérieur du prisme, et par suite l'objet paraît *renversé* lorsqu'on le regarde à travers le prisme. Dove s'est servi d'un « prisme à réversion » pour redresssr les images renversées dans le télescope astronomique.

151. Le mirage du désert et différentes autres apparitions fantastiques dans l'atmosphère sont dus en partie à la réflexion totale. Lorsque le soleil échauffe une plaine de sable, la couche d'air en contact avec le sable devient plus légère que l'air supérieur à cette couche. Les rayons d'un objet éloigné, d'un arbre, par exemple, tombant très obliquement sur la surface de cette couche, peuvent éprouver la réflexion totale, et présenter ainsi des images semblables à celles qui sont produites par la surface de l'eau. Les soldats de l'armée française brûlant de soif ont souffert le supplice de Tantale par cette illusion en Egypte.

152. Les gaz, comme les liquides et les solides, peuvent réfracter et réfléchir la lumière; mais comme ils ont un faible indice de réfraction, ils la réfractent et la réfléchissent faiblement. Cependant l'astronome doit tenir compte de la réfraction atmosphérique, ainsi que ceux qui font des opérations géodésiques. La réfraction de l'atmosphère fait voir le soleil avant qu'il soit réellement levé et après qu'il est couché.

153. Le tremblement des objets vus à travers l'air qui s'élève d'une surface échauffée est dû à une réfraction irrégulière, qui change à chaque instant la direction des rayons de lumière. Cette déviation des rayons dans l'air n'est jamais entièrement nulle, et elle est souvent une cause de grand ennui pour l'astronome qui a besoin d'une atmosphère homogène.

154. La flamme d'une bougie ou d'un bec de gaz, et la colonne d'air située au-dessus de la flamme; l'air qui s'élève au-dessus d'un fer rouge; l'écoulement d'un gaz pesant, comme l'acide carbonique tombant dans l'air; la sortie d'un gaz léger, tel que l'hydrogène, s'élevant dans l'air : tout cela peut se reconnaître à l'action exercée sur une lumière suffisamment intense. Les gaz transparents interposés entre cette lumière et un écran blanc paraissent monter comme une fusée sur l'écran par l'effet de la réfraction.

Lentilles.

155. Une lentille en Optique est un morceau d'une substance réfringente, terminé par des surfaces courbes. Si la surface est sphérique, la lentille est appelée *lentille sphérique*.

156. Les lentilles sont partagées en deux classes; les unes rendent convergents les rayons parallèles, les autres les rendent divergents. Chaque classe comprend trois sortes de lentilles, qui sont nommées comme il suit :

Lentilles convergentes. — 1° Bi-convexes, avec les deux surfaces convexes. 2° Plan-convexes, avec une surface plane et l'autre convexe. 3° Concaves-convexes (ménisque), avec une surface concave et une surface convexe, la surface convexe ayant la plus forte courbure.

Lentilles divergentes. — 1° Bi-concaves, avec les deux surfaces concaves. 2° Plan-concaves, avec une surface plane et l'autre concave. 3° Convexes-concaves, avec une surface convexe et une surface concave, la surface concave ayant la plus forte courbure.

157. Une ligne droite passant par le centre de la lentille et perpendiculaire à ses deux surfaces convexes, et l'axe principal de la lentille.

158. Si un faisceau lumineux tombe sur une lentille convexe parallèlement à son axe, les rayons du faisceau se coupent sur un point de l'axe derrière la lentille. Ce point est le foyer principal de la lentille. Comme ci-dessus, le foyer principal est le foyer des rayons parallèles.

159. Les rayons émanés d'un point lumineux placé au delà du foyer se coupent de l'autre côté de la lentille, et une image de ce point est formée au point d'intersection. A mesure que le point lumineux se rapproche du foyer principal son image s'éloigne, et lorsque le point est arrivé au foyer principal, son image est à une distance infinie.

160. Si le point lumineux passe au delà du foyer principal et qu'il arrive entre ce foyer et la lentille, les rayons après avoir traversé la lentille seront encore divergents. Prolongés en arrière, ils se couperont du côté de la lentille où se trouve le point lumineux. Ici le foyer est *virtuel*. Un corps d'une gran-

deur sensible étant placé entre le foyer principal et la lentille aura une image virtuelle.

161. Lorsqu'un objet qui a des dimensions sensibles est placé quelque part au delà du foyer principal, une image réelle se forme dans l'air derrière la lentille. Les dimensions de l'image peuvent être plus grandes ou plus petites que celle de l'objet, mais l'image est toujours *renversée.*

162. L'objet et son image peuvent être mis à la place l'un de l'autre, comme précédemment.

163. Dans le cas des lentilles concaves, les images sont toujours vituelles.

164. Une lentille sphérique ne peut concentrer dans le même foyer tous les rayons qui tombent sur elle. Les rayons qui traversent la lentille près de sa circonférence sont plus réfractés que ceux qui passent près du centre, et ils se coupent plus tôt. Lors donc qu'on a besoin d'une netteté parfaite, on a coutume de n'utiliser que les rayons qui passent près du centre, quoique l'image soit moins brillante.

165. Cette différence de distance focale entre les rayons centraux et ceux de la circonférence est appelée l'*aberration de sphéricité* de la lentille. Une lentille dont la courbure est telle que tous les rayons soient réunis au même foyer est appelée *aplanatique;* une lentille sphérique ne peut être rendue aplanatique.

166. Comme les miroirs sphériques, les lentilles sphériques ont leurs courbes et leurs surfaces caustiques (diacaustiques) formées par l'intersection dans les rayons réfractés.

La vision et l'œil.

167. L'œil de l'homme est une lentille composée, formée de trois parties : l'*humeur aqueuse,* le *cristallin* et l'*humeur vitrée.*

168. L'humeur aqueuse est maintenue en avant de l'œil par la *cornée,* capsule cornée, tranparente, ressemblant par sa forme à un verre de montre. Derrière l'humeur aqueuse, et immédiatement devant le cristallin, est l'*iris,* qui environne la *pupille.* Viennent ensuite le cristallin et l'humeur vitrée, cette dernière constitue le corps principal de l'œil. Le diamètre moyen de l'œil humain est de $0^m,023$ (10,9 lignes).

169. Le nerf optique en entrant dans l'œil par derrière se partage en une série de filaments qui sont unis ensemble pour former la *rétine*, tissu délicat étendu comme un écran derrière l'œil. La rétine repose sur un pigment noir, qui réduit au minimum toute réflexion intérieure.

170. Au moyen de l'iris le diamètre de la pupille peut varier entre certaines limites. Lorsque la lumière est faible, la pupille se dilate; lorsque la lumière est intense, la pupille se contracte; la quantité de lumière introduite dans l'œil est ainsi réglée jusqu'à un certain degré. La pupille diminue encore lorsque l'œil est fixé sur un objet voisin, et elle se dilate lorsque l'œil est fixé sur un objet éloigné.

171. La pupille paraît noire; en partie à cause du revêtement noir intérieur, mais principalement pour une autre raison. Si l'on pouvait éclairer la rétine, et voir en même temps le point éclairé, la pupille paraîtrait brillante; mais le principe de réversibilité dont il a été si souvent parlé, est ici en jeu. La lumière du point éclairé revient sur ses pas et tombe enfin sur la source de l'éclairement. Par conséquent, pour recevoir les rayons qui reviennent, l'œil de l'observateur devrait être placé entre la source et la rétine. Or, dans cette position, il intercepterait l'éclairement. Si la lumière était portée dans l'œil par un miroir percé d'un petit trou, ou dont on aurait enlevé une petite partie du tain, alors l'œil de l'observateur placé derrière le miroir et regardant par le trou, peut voir la rétine éclairée. Dans ce cas, la pupille brille comme un charbon allumé. Tel est le principe de l'*ophtalmoscope* (Augenspiegel, de Helmholtz), instrument au moyen duquel on peut examiner l'œil et observer son état sain ou malade.

172. Chez les albinos, ou les lapins blancs, le pigment n'existe pas, et la pupille paraît rouge à cause de la lumière qui traverse la *sclérotique*, ou blanc de l'œil. Lorsqu'on intercepte cette lumière, la pupille d'un albinos paraît noire. Chez quelques animaux le pigment noir est remplacé par une membrane réfléchissante, le *tapetum*. C'est la lumière réfléchie par le tapetum qui fait briller l'œil du chat dans une obscurité partielle. Dans ce cas, la lumière n'est cependant pas intérieure, car lorsque l'obcurité est *totale*, les yeux du chat ne brillent pas.

173. Dans la chambre obscure des photographes, les images

des objets extérieurs formées par une lentille convexe sont reçues sur une plaque de verre dépoli, et l'on pousse la lentille en avant ou en arrière jusqu'à ce que l'image soit parfaitement nette.

174. L'œil est une chambre obscure, avec sa lentille réfringente, et sa rétine joue le rôle de la plaque de verre dépoli dans la chambre noire ordinaire. Pour que la vision soit parfaitement distincte, il faut que l'image formée par la rétine soit parfaitement définie; en d'autres termes, il faut que les rayons émanés de chaque point de l'objet que l'on regarde convergent sur un *point* de la rétine.

175. L'image sur la rétine est *renversée*.

Ajustement de l'œil; emploi des lunettes.

176. Si l'on regarde les lettres d'un livre que l'on tient à une certaine distance de l'œil à travers un voile en gaze placé plus près de l'œil, on remarquera que quand les lettres sont vues distinctement on ne voit pas le voile distinctement: réciproquement, si l'on voit le voile distinctement, les lettres paraîtront confuses. Ceci prouve que les images des objets placés à des distances différentes de l'œil ne peuvent pas être bien définies *en même temps* sur la rétine.

177. Si l'œil était une masse rigide, comme une lentille de verre, incapable de changer de forme, la vision distincte ne serait possible qu'à une distance particulière. Mais on sait que l'œil a la faculté de s'ajuster pour des distances différentes. Cet ajustement s'opère, non en portant en avant ou en arrière le devant de l'œil, mais en changeant la courbure du cristallin.

178. On voit diminuer l'image d'une bougie réfléchie sur la surface antérieure ou postérieure du cristallin lorsque l'œil passe de la vision d'un objet éloigné à celle d'un objet rapproché, ce qui prouve que la courbure de la lentille du cristallin est plus forte pour la vision d'un objet voisin que pour celle d'un objet éloigné.

179. La réfraction principale éprouvée par les rayons de lumière en pénétrant dans l'œil a lieu à la surface de la cornée, où ils passent de l'air dans un milieu bien plus dense. La réfraction produite à la cornée seulement ferait converger les

rayons en un point qui serait à environ un demi-pouce ($0^m,0125$) derrière la rétine. La convergence est augmentée par le cristallin, qui ramène le point d'intersection des rayons sur la rétine même.

180. Une ligne menée par le centre de la cornée et le centre du globe de l'œil à la rétine est appelée l'axe de l'œil. La longueur de l'axe, même dans le jeune âge, est quelquefois trop petite; en d'autres termes, la rétine est quelquefois trop près de la cornée; de sorte que la partie réfringente de l'organe ne peut faire converger assez les rayons émanés d'un point lumineux pour en porter l'image sur un point de la rétine. Dans la vieillesse, les surfaces réfringentes de l'œil sont légèrement aplaties et ne peuvent pas réfracter assez les rayons. Dans les deux cas, l'image doit se former *derrière* la rétine, au lieu de se former *sur* elle, et par conséquent la vision est trouble.

181. On remédie à ce défaut en tenant l'objet à une distance de l'œil qui diminue la divergence des rayons, ou en mettant devant l'œil une lentille convexe qui aide l'œil à produire la convergence nécessaire. Tel est l'emploi des lunettes.

182. L'œil est aussi quelquefois trop long dans le sens de l'axe, et la courbure des surfaces réfringentes peut être trop forte. Dans les deux cas, les rayons qui traversent la pupille convergent de telle façon qu'ils se coupent avant d'arriver à la rétine. On remédie à ce défaut en tenant l'objet très près de l'œil, de manière à augmenter la divergence des rayons qui émanent de l'objet, et à reculer ainsi leur point d'intersection; ou bien en mettant devant l'œil un verre concave, qui produise la divergence nécessaire.

183. L'œil n'est pas ajusté en même temps pour les objets horizontaux et les objets verticaux qui sont à la même distance. La distance de la vision distincte est plus grande pour les lignes verticales. Tracez avec de l'encre deux droites perpendiculaires l'une à l'autre, l'une verticale et l'autre horizontale; tandis que l'une paraîtra noire et bien nette, l'autre paraîtra trouble et comme tracée avec une encre moins noire. Ajustez l'œil pour voir nettement cette dernière; la première alors paraîtra trouble. Cette différence dans la courbure de l'œil dans les deux sens peut quelquefois devenir assez grande pour rendre nécessaire l'emploi d'une lentille cylindrique qui corrige ce défaut.

Le punctum cæcum.

184. L'endroit où le nerf optique entre dans l'œil, et d'où il se ramifie pour former le tissu de la rétine, est insensible à l'action de la lumière. On ne voit pas un objet dont l'image tombe sur ce point. On peut faire tomber sur ce « point aveugle » l'image du cadran d'une horloge, de la tête d'un homme, de la lune, et alors l'objet est invisible.

185. Pour démontrer ce fait, procédez de cette manière : placez deux pains à cacheter blancs sur du papier noir, ou deux pains à cacheter noirs sur du papier blanc, avec un intervalle de trois pouces entre eux. Portez l'œil droit à dix ou onze pouces exactement au-dessus du pain à cacheter qui est à gauche, de telle sorte que la ligne qui joint les deux yeux soit parallèle à la ligne qui joint les deux pains à cacheter. Si l'on ferme l'œil gauche et qu'on regarde fixement le pain à cacheter qui est à gauche, celui de droite cesse d'être visible. Dans cette position, l'image tombe sur le « point aveugle » de l'œil droit. Si l'on détourne l'œil tant soit peu à droite ou à gauche, ou si l'on augmente ou l'on diminue la distance entre l'œil et le papier, on voit aussitôt le pain à cacheter. En conservant ces proportions de grandeur et de distance, on peut amener sur le *punctum cæcum* les images d'objets de bien plus grandes dimensions que le pain à cacheter, et elles s'évanouiront.

Persistance des impressions.

186. Une impression lumineuse faite sur la rétine ne cesse pas immédiatement. Une étincelle électrique est sensiblement instantanée; mais l'impression qu'elle fait sur l'œil demeure quelque temps après que l'étincelle s'est produite. La durée de cette persistance varie chez les différentes personnes, et s'élève à une fraction sensible de seconde.

187. Si donc une succession d'étincelles se suivent à des intervalles moindres que le temps de la durée de l'impression, les impressions séparées se confondront pour former une lumière *continue*. Si l'on fait décrire un cercle à un point lumi-

neux dans un temps moindre que cet intervalle, le cercle apparaîtra comme une courbe fermée continue. Par la même raison, les rayons d'une roue qui tourne rapidement semblent empiéter les uns sur les autres pour former une surface ombrée. Le photomètre de Wheastone est fondé sur cette persistance. Elle explique encore l'action des instruments dans lesquels une suite d'objets dans des positions différentes étant amenés devant l'œil par une succession rapide, il se produit une impression de *mouvement*.

188. Un filet d'eau descendant d'un orifice pratiqué au fond d'un vase présente deux parties distinctes : une partie tranquille et transparente près de l'orifice, et plus bas une partie trouble et qui n'est pas tranquille. Les deux parties du filet paraissent continues. Mais lorsque le filet dans une chambre obscure est éclairé par une étincelle électrique, toute la partie trouble se montre sous la forme d'un chapelet de gouttes séparées qui se tiennent parfaitement immobiles. C'est leur succession rapide qui produit l'impression de continuité. Le boulet de canon le plus rapide, frappé par la lumière d'un éclair, paraîtrait pendant une fraction de seconde tout à fait immobile dans l'air.

189. L'œil n'est nullement un instrument d'optique parfait. Il éprouve l'aberration de sphéricité; une nébulosité plus ou moins prononcée environne toujours les images des objets lumineux produites sur la rétine. Cette nébulosité augmente sensiblement la grandeur de l'image de l'objet; mais avec un éclairement ordinaire, cette lumière dispersée est trop faible pour être remarquée. Lorsque des corps sont fortement éclairés, surtout lorsque ces corps sont petits, de sorte que la dilatation de leurs images sur la rétine puisse devenir notable, ils paraissent bien plus gros qu'ils ne le sont réellement. Ainsi un fil de platine rendu incandescent par un courant voltaïque a un diamètre apparent considérablement augmenté. Ainsi encore le croissant de la lune semble appartenir à un globe plus grand que la masse bien plus obscure de notre satellite qu'il enveloppe en partie. Ainsi encore, à des distances considérables, les faisceaux parallèles de lumière lancés par les lampes ou les réflecteurs réparés d'un même phare, empiètent les uns sur les autres et se confondent en un seul faisceau. Les particules incandescentes de carbone dans une flamme

décrivent des *lignes* lumineuses, à cause de la rapidité de leur mouvement ascendant. Ces lignes sont élargies pour l'œil; et c'est pour cela que la flamme forme un tout continu plus apparent que réel.

189 *a*. Cette augmentation de la vraie grandeur de l'image optique est appelée *irradiation*.

Corps vus dans l'œil.

190. Presque chaque œil contient des corps plus ou moins opaques distribués dans ses humeurs. Ses taches, appelées *mouches volantes* (*muscæ volitantes*), sont des corps de cette nature; tels sont encore les points noirs, les lignes serpentantes, les grains de chapelet et les anneaux, visibles d'une manière frappante dans certains yeux. Si la surface de la pupille se contractait en un point, de tels corps seraient très incommodes; mais à cause de la grandeur de la pupille, les ombres que ces petits corps projetteraient sur la rétine sont effacées, excepté lorsqu'ils sont très près du fond de l'œil ([1]). Il suffit de regarder le ciel par le trou d'une épingle pour donner à ces ombres une plus grande netteté sur la rétine.

191. Les veines et les artères de la rétine elle-même forment leurs ombres sur sa surface postérieure; mais les espaces à ombre deviennent bientôt assez sensibles à la lumière pour compenser le manque de lumière qui tombe sur eux. Aussi, dans les circonstances ordinaires, les ombres ne s'aperçoivent pas. Mais si les ombres sont reportées sur une partie moins sensible de la rétine, l'image des vaisseaux se voit distinctement.

192. Le meilleur moyen pour obtenir le report de l'ombre est de concentrer dans une chambre obscure, avec une loupe à court foyer, une petite image du soleil ou de la lumière électrique sur le blanc de l'œil. Il faut avoir soin de ne pas laisser entrer le faisceau par la pupille. Lorsqu'on fait mouvoir la petite lentille à droite et à gauche, l'ombre marche sur différentes parties de la rétine, et l'on voit se projeter dans l'ob-

([1]) *Voyez* notes 18 et 19.

curité sur le devant de l'œil l'image des veines et des artères.

193. En regardant un espace obscur, et en faisant mouvoir en même temps une bougie de çà et de là à côté de l'œil, de sorte que les rayons entrent très obliquement dans la pupille, on obtient encore l'ombre des vaisseaux de la rétine. La soudaineté et la vigueur avec lesquelles l'image spectrale se manifeste dans certains yeux sont extraordinaires; d'autres éprouvent de la difficulté à obtenir cet effet.

194. Enfin, on peut obtenir une image délicate des vaisseaux en regardant la clarté du ciel par le trou d'une épingle et en imprimant un mouvement à l'ouverture.

Le stéréoscope.

195. Regardez avec un œil le bord de la main, de manière que le doigt le plus près de l'œil couvre tous les autres. Ouvrez alors l'autre œil; il verra les autres doigts en raccourci. *Les images de la main dans les deux yeux sont donc différentes.*

196. Ces deux images sont projetées sur les deux rétines; si par quelque moyen on combine deux dessins, exécutés sur une surface plane, de manière à produire dans les deux yeux deux figures semblables aux deux images de la main, on obtiendra l'impression de relief. C'est ce que fait le stéréoscope.

197. La première forme de cet instrument a été inventée par sir Charles Wheatstone. Il prit deux dessins d'objets solides vus par les deux yeux, et regarda les images de ces dessins dans deux miroirs plans. Chaque œil regardait l'image qui lui appartenait, et les miroirs étaient disposés de manière que les images étaient superposées, et paraissaient ainsi un même objet. Par cette combinaison, l'objet se montrait en relief comme un solide.

198. En regardant et en combinant deux dessins de cette sorte, les yeux reçoivent la même impression, et exécutent la même opération qu'en regardant l'objet réel même. On ne voit distinctement qu'un point à la fois d'un objet. Si les différents points d'un objet sont à des distances différentes des yeux, il faut que la convergence des axes des yeux soit plus grande pour voir distinctement les points rapprochés que

pour voir les points éloignés. Maintenant, outre l'identité des images formées sur la rétine par les dessins stéréoscopiques avec les images de l'objet réel, les yeux, pour faire coïncider les couples de points correspondants des deux dessins, ont à exécuter les mêmes variations de convergence que celles qu'il leur faut faire pour voir distinctement les différents points de l'objet réel. De là l'impression de relief produite par la combinaison de dessins de cette sorte.

199. Mesurez la distance entre *deux couples* de points qui, combinés par le stéréoscope, présentent un seul point pour chaque couple, à des distances différentes de l'œil. La distance entre les points d'un couple sera plus grande que la distance entre les points de l'autre couple. Il faudra donc de la part de l'œil des degrés différents de convergence pour combiner les deux couples de points. Il est à remarquer que la coïncidence produite dans le stéréoscope à un moment particulier n'est que *partielle*. Si un couple de points correspondants est vu comme un seul point, l'autre devra paraître double. C'est aussi ce qui arrive lorsqu'on regarde avec les deux yeux un solide réel; parmi les points de cet objet qui sont à des distances différentes des yeux, on n'en voit en même temps qu'un seul qui ne soit pas double.

200. L'impression de relief peut être produite d'une manière extrêmement frappante sans l'emploi d'un stéréoscope. Le moyen le plus facile est celui-ci : prenez deux dessins, deux projections, comme on les appelle, d'un cône tronqué; l'un tel qu'il est vu par l'œil droit, l'autre tel qu'il est vu par l'œil gauche. En les tenant à une certaine distance des yeux, faites que l'œil droit regarde le dessin qui est à gauche, et l'œil gauche le dessin de droite. Les rayons visuels se croisent alors : et il est facile, après quelques essais faits avec la pointe d'un crayon placé devant les yeux, de faire coïncider deux points correspondants des dessins.

Au moment où ils coïncident, les dessins en se combinant ressortent comme un seul solide, suspendu en l'air au point d'intersection des rayons visuels. Suivant la nature des dessins, on voit l'intérieur ou l'extérieur du tronc de cône; c'est tantôt la base, tantôt le sommet qui se rapproche le plus des yeux. Pour cette expérience, il vaut mieux que les dessins soient de simples esquisses, et ils peuvent être immensément plus grands que les dessins stéréoscopiques ordinaires.

Il faut remarquer qu'ici encore, dans des couples différents, les distances qui séparent les points correspondants sont différentes. Par exemple, deux points qui se correspondent à l'une des bases du tronc du cône, ne sont pas à la même distance l'un de l'autre que deux points correspondants de l'autre base.

201. Le premier instrument de Wheatstone est appelé *stéréoscope réflecteur;* mais les procédés pour faire coïncider les dessins pour qu'ils produisent les effets stéréoscopiques sont presque innombrables. L'instrument dont le public se sert le plus est le *stéréoscope lenticulaire* de sir David Brewster. Les deux dessins y sont superposés par l'emploi de deux demi-lentilles dont les bords sont tournés en dedans. Le stéréoscope lenticulaire a encore pour effet de grossir les objets (¹).

202. Il a été dit dans la note 198 que pour avoir la vision distincte d'un point plus rapproché, les rayons visuels des deux yeux devaient être plus convergents que pour celle d'un objet éloigné. Avec un instrument dans lequel sont disposés deux prismes rectangulaires (²), on peut faire croiser les rayons émanés de deux points avant leur entrée dans les yeux; la convergence est ainsi rendue plus grande pour le rayon venant du point le plus éloigné que pour ceux du point le plus voisin. Il suit de là que le point rapproché paraît éloigné, et que le point éloigné paraît rapproché. Tel est le principe du *pseudoscope* de Wheatstone. Cet instrument fait paraître convexes les surfaces concaves, et concaves les surfaces convexes. L'intérieur creux d'un chapeau ou d'une tasse à thé peut être ainsi changé en cylindre convexe, un globe peut se montrer sous la forme d'une surface sphérique concave.

Nature de la lumière; théorie physique de la réflexion et de la réfraction.

Il est temps maintenant d'accomplir, avec une certaine étendue, la promesse faite dans notre première note, que nous

(¹) On trouvera une instruction plus complète et plus claire sur le stéréoscope dans le *Journal of the Photographic Society*, Vol. III, p. 96, 116 et 117.

(²) Benett, *Phil. Trans.*, 17[illegible]1.

examinerions dans la suite de plus près le « quelque chose » qui excite la sensation de la lumière.

203. Chaque sensation correspond à un mouvement excité dans nos nerfs. Dans le sens du toucher, les nerfs sont mus par le contact du corps senti; dans le sens de l'odorat, ils sont agités par des particules excessivement petites émanées du corps odorant; dans le sens de l'ouïe, ils sont ébranlés par les vibrations de l'air.

Théorie de l'émission.

204. Newton supposa que la lumière consistait en de petites particules lancées avec une vitesse inconcevable par les corps lumineux, et assez fines pour traverser les pores des milieux transparents. Dans cette hypothèse, la vision serait produite par les particules qui traversent les humeurs de l'œil et vont frapper le nerf optique.

205. Telle est la *théorie de l'émission* ou la *théorie corpusculaire* de la lumière.

206. Considérant la vitesse excessive de la lumière, les particules, si elles existent, doivent avoir une petitesse inconcevable; car si elles avaient un poids appréciable, elles détruiraient infailliblement un organe aussi délicat que l'œil. Un morceau de matière ordinaire, du poids d'un grain ($0^{gr},065$), se mouvant avec une vitesse égale à celle de la lumière, aurait une force égale à celle d'un boulet de canon de 150 livres, animé d'une vitesse de 1000 pieds par seconde.

207. Des millions de ces particules de lumière, en supposant qu'elles existent, concentrées par des lentilles ou des miroirs, ont été dirigées contre le plateau d'une balance suspendue à un simple fil d'araignée; ce fil, quoique tordu dix-huit mille fois, n'a montré aucune tendance à se détordre; il n'avait aucune force de torsion. Et dans ce cas même, on n'a observé aucun mouvement qu'on puisse attribuer au choc des particules (¹).

208. Si la lumière est formée de particules, celles-ci doivent être lancées avec la même vitesse par tous les corps célestes. Cela paraît extrêmement invraisemblable, lorsqu'on tient

(¹) *Voyez* note 150.

compte des forces très différentes de gravitation de tant de masses différentes. Suivant toute probabilité, les particules seraient attirées avec des degrés différents de force par les attractions de ces masses diverses.

209. Si, par exemple, une étoile ayant la densité du soleil avait un diamètre deux cent cinquante fois plus grand que celui du soleil, son attraction, supposé qu'elle agisse sur la lumière comme sur la matière ordinaire, serait suffisante pour arrêter finalement les particules de lumière qui en émaneraient. Des masses plus petites exerceraient des degrés correspondants de retards; et par conséquent la lumière émise par des corps différents devrait se mouvoir avec des vitesses différentes. Comme cela n'a pas lieu, comme la lumière se meut avec la même vitesse, de quelque source qu'elle émane, il est probable qu'elle n'est pas formée de particules ainsi lancées.

Mais nous pourrons faire une objection mieux définie et plus formidable contre la théorie de l'émission, lorsque nous connaîtrons la manière dont elle explique les phénomènes de la réflexion et de la réfraction.

210. Dans la réflexion directe, suivant la théorie de l'émission, les particules de la lumière sont d'abord entièrement arrêtées dans leur marche par une force répulsive exercée par le corps réflecteur, puis lancées en sens contraire par la même force.

211. Mais cette répulsion a le don de choisir. La substance réfléchissante sépare une partie du groupe de particules qui compose un faisceau lumineux et la renvoie; mais elle attire le reste des particules du groupe et le transmet.

212. Lorsqu'une particule de lumière s'approche obliquement d'une surface réfringente, si la particule est du nombre de celles qui sont attirées, elle est entraînée vers la surface, comme un projectile ordinaire est entraîné vers la terre. C'est ainsi qu'on explique la réfraction. Comme pour le projectile, la vitesse de la particule est sans cesse *augmentée* pendant qu'elle est déviée; elle entre dans le milieu réfringent avec cet accroissement de vitesse; et une fois qu'elle est dans le milieu, les attractions en avant et en arrière de la particule se neutralisant mutuellement, l'augmentation de vitesse est maintenue.

213. Ainsi, c'est une conséquence nécessaire de la théorie de Newton que lorsqu'un rayon de lumière se rapproche de la perpendiculaire, sa vitesse est augmentée; que la lumière se meut dans l'eau plus vite que dans l'air, dans le verre plus vite que dans l'eau, dans le diamant plus vite que dans le verre : en un mot, que plus l'indice de réfraction est élevé, plus la vitesse de la lumière est grande.

214. On a ainsi un moyen de soumettre la théorie de l'émission à une épreuve décisive, et cette épreuve l'a renversée. Car il a été démontré, par les expériences les plus rigoureuses, que la vitesse de la lumière *diminue* à mesure que l'indice de réfraction augmente. Mais la théorie avait déjà succombé sous les assauts qui lui avaient été livrés longtemps avant qu'on eût fait cette expérience particulière.

Théorie des ondulations.

215. La théorie de l'émission a été d'abord attaquée par le célèbre astronome Huyghens et par le non moins célèbre mathématicien Euler, qui ont soutenu l'un et l'autre que la lumière, de même que le son, était produite par un *mouvement ondulatoire*. Laplace, Malus, Biot et Brewster ont soutenu Newton, et la théorie de l'émission a tenu bon jusqu'à ce qu'elle fût définitivement renversée par les travaux de Thomas Young (¹) et d'Augustin Fresnel.

216. Ces deux savants éminents, en même temps qu'ils invoquaient des classes entières de faits inexplicables par la

(¹) Le Dr Young fut nommé professeur de philosophie naturelle à l'Institution royale le 3 août 1801. Sur une plaque de marbre, dans l'église du village de Franborough, près de Bromley, dans le comté de Kent, j'ai copié le 11 avril l'inscription suivante :

« Près de cette place sont déposés les restes de Thomas Young, M. D., membre et secrétaire de la Société royale, membre de l'Institut national de France. Savant également éminent dans toutes les branches des connaissances humaines, dont plusieurs découvertes ont élargi les bornes des sciences naturelles, et qui le premier a éclairé l'obscurité qui avait voilé pendant des siècles les hiéroglyphes de l'Égypte.

» Cher à ses amis pour ses vertus domestiques, honoré par le monde théorie de l'émission, réussirent à établir le parallélisme le plus complet entre les phénomènes optiques et ceux du mouvement des ondes. Une théorie est justifiée lorsqu'elle est seule capable d'expliquer les phénomènes. C'est sur cette base que repose maintenant la *théorie des ondulations*, ou la *théorie ondulatoire* de la lumière, et l'expérience de chaque jour ne fait que rendre ses fondations plus certaines. Cette théorie doit dans la suite occuper beaucoup notre attention.

217. Dans le cas du son, la vitesse dépend du rapport de l'élasticité à la densité des corps qui transmettent le son. Plus l'élasticité est grande, plus grande est la vitesse, et plus la densité est grande, moins grande est la vitesse. Pour expliquer l'énorme vitesse de propagation dans le cas de la lumière, on admet que la substance qui la transmet a une élasticité extrême et une extrême ténuité. Cette substance est appelée l'*éther luminifère*.

218. Il remplit l'espace; il environne les atomes des corps; il s'étend, sans solution de continuité à travers les humeurs de l'œil. Les molécules des corps lumineux sont en état de vibration. Ces vibrations sont communiquées à l'éther qui les transmet par ondulations. Ces ondulations, en frappant la rétine, excitent la sensation de lumière.

219. Dans le son, les particules de l'air oscillent dans le sens suivant lequel le son est transmis; dans la lumière, les particules de l'éther oscillent perpendiculairement à la direction suivant laquelle la lumière se propage. En langage scientifique, les vibrations du son sont *longitudinales*, les vibrations de la lumière sont *transversales*. De fait, les propriétés mécaniques de l'éther sont plutôt celles d'un corps solide que celles d'un gaz.

220. *L'intensité* de la lumière dépend de la grandeur des écarts que font les particules de l'éther en oscillant. Ces écarts sont appelés *amplitude* de la vibration. L'intensité de la lumière est proportionnelle au *carré de l'amplitude;* elle

entier pour ses immenses connaissances, il est mort dans l'espérance de la résurrection du juste.

» Né à Milverton, dans le Somersetshire, le 13 juin 1773.
» Mort à Londres, Park-Square, le 29 mai 1829,
» dans la 56e année de son âge. »

est aussi proportionnelle au carré de la vitesse maximum de la particule oscillante.

221. L'amplitude des vibrations diminue simplement comme la distance augmente; par conséquent l'intensité, qui est exprimée par le carré de l'amplitude, doit être en raison inverse du carré de la distance. Dans le langage de la théorie des ondulations, c'est la loi inverse des carrés.

222. La réflexion des ondes de l'éther suit la loi établie pour la lumière. On démontre que l'angle d'incidence est égal à l'angle de réflexion.

223. Pour expliquer la réfraction, prenons, pour simplifier, une portion d'une onde circulaire émise par le soleil ou par quelque autre corps éloigné. Une petite partie de cette onde serait *droite :* supposons qu'elle frappe une lame de verre en sortant de l'air; cette portion d'onde, d'abord *parallèle* à la surface du verre, traversera le verre sans changer de direction.

224. Et comme la vitesse dans le verre est moindre que la vitesse dans l'air, l'onde sera *retardée* en passant dans le milieu plus dense.

225. Mais supposons que l'onde, avant de frapper la lame de verre, soit *oblique* à la surface; l'extrémité de l'onde qui entre la première dans le verre sera retardée la première, les autres parties seront retardées successivement. Ce retard d'une extrémité de l'onde fait tourner cette onde; de sorte que lorsqu'elle est entrée tout entière dans le verre, sa marche est oblique à sa première direction. Elle est *réfractée.*

226. Si le verre dans lequel l'onde est entrée est une lame à surfaces parallèles, la partie de l'onde qui est arrivée *la première* à la surface supérieure et a été retardée la première, arrivera aussi la première à la surface inférieure, et sortira avant les autres du milieu qui l'a retardée. Il en résulte un second mouvement tournant de l'onde, qui la rétablit dans sa direction primitive. C'est de cette manière si simple qu'on explique la réfraction dans la théorie des ondulations.

227. La convergence ou la divergence des faisceaux lumineux produite par les lentilles se déduit immédiatement du fait que les différents points de l'onde éthérée arrivent successivement à la lentille qui les retarde successivement.

228. La densité de l'éther est plus grande dans les liquides et les solides que dans les gaz, et plus grande dans les gaz

que dans le vide. Il semble que les molécules de ces corps exercent sur l'éther une force de compression. Cela posé, si l'élasticité de l'éther augmente dans la même proportion que sa densité, l'une neutralisera l'autre, et la vitesse de la lumière ne sera pas retardée. On explique la diminution de vitesse dans les corps fortement réfringents en supposant que dans ces corps l'élasticité est moindre, *relativement à la densité*, que dans le vide. Les phénomènes observés découlent immédiatement de cette supposition.

229. C'est précisément la même chose pour le son dans un gaz ou une vapeur qui ne suivent pas la loi de Mariotte. L'élasticité d'un tel gaz ou d'une telle vapeur, lorsqu'ils sont comprimés, augmente moins rapidement que leur densité; de là la diminution de la vitesse du son.

230. Mais nous pouvons donner une explication plus nette de l'influence qu'exerce un corps réfringent sur la vitesse de la lumière. Considérez les lignes *om* et *np* dans la *fig.* 2, note 113. Ces deux lignes *représentent les vitesses de la lumière* dans les deux milieux dont il est question ici : ou, plus généralement, le *sinus* de l'angle d'incidence représente la vitesse de la lumière dans le premier milieu, et le *sinus* de l'angle de réfraction représente la vitesse dans le second. *L'indice de réfraction n'est donc pas autre chose que le rapport des deux vitesses.* Ainsi pour l'eau dont l'indice de réfraction est $\frac{4}{3}$, la vitesse dans l'air est à la vitesse dans l'eau comme 4 est à 3. Et pour le verre, dont l'indice de réfraction est $\frac{3}{2}$, la vitesse dans l'air est à la vitesse dans le verre comme 3 est à 2. En d'autres termes, la vitesse de la lumière dans l'air est $1\frac{1}{3}$ fois cette vitesse dans l'eau, et $1\frac{1}{2}$ fois cette même vitesse dans le verre. La vitesse de la lumière dans l'air est environ $2\frac{1}{4}$ fois sa vitesse dans le diamant, et près de trois fois cette même vitesse dans le chromate de plomb, la substance la plus fortement réfringente qu'on ait encore découverte. Strictement parlant, l'indice de réfraction se rapporte au passage d'un rayon lumineux, non de l'*air*, mais du vide (¹) dans le corps réfringent. Si l'on divise la vitesse de la lumière dans le vide

(¹) C'est-à-dire d'un espace qui ne contient pas autre chose que de l'éther.

par cette vitesse dans la substance réfringente, le quotient est l'indice de réfraction de cette substance.

231. Dans la théorie des ondulations, les rayons de lumière sont perpendiculaires aux ondes de l'éther. A la différence de l'*onde*, le *rayon* n'a pas une existence matérielle; c'est simplement une direction.

Prismes.

232. On a dit dans la note 129 que dans une lame de verre *à surfaces parallèles*, la direction que suivait un rayon oblique avant d'entrer dans le verre lui était rendue lorsqu'il sortait du verre. Ceci n'a pas lieu lorsque les surfaces traversées par le rayon ne sont pas parallèles.

233. Lorsque le rayon traverse une substance transparente qui a la forme d'un coin, perpendiculairement au bord du coin, il est réfracté *d'une manière permanente*. Un corps de cette forme s'appelle un *prisme* en Optique, et l'angle compris entre les deux faces obliques du coin s'appelle *angle réfringent*.

234. Plus l'angle réfringent est grand, plus le rayon est dévié de sa direction primitive. Mais avec le même prisme la grandeur de la réfraction varie avec la direction suivie par le rayon à travers le prisme.

235. Lorsque cette direction est telle que la partie du rayon qui est à l'intérieur du prisme fasse des angles égaux avec les deux faces du prisme, ou ce qui est la même chose, avec le rayon avant son entrée dans le prisme et après sa sortie du prisme, alors la réfraction totale est un *minimum*. On peut en donner la preuve mathématique et expérimentale; et l'on a établi sur ce résultat une méthode pour déterminer l'indice de réfraction.

236. La direction finale d'un rayon réfracté n'étant pas changée après son passage à travers des lames de verre à surfaces parallèles, on peut se servir de vases prismatiques creux formés avec des lames parallèles et remplis de liquides; on obtiendra ainsi des prismes liquides.

Analyse prismatique de la lumière : dispersion.

237. Newton a le premier décomposé la lumière solaire, et il a prouvé qu'elle était composée d'un nombre infini de rayons ayant des degrés différents de réfrangibilité; lorsqu'on fait passer cette lumière à travers un prisme, les rayons qui la constituent se séparent. Cette séparation est appelée *dispersion.*

238. Les ondes de l'éther engendrées par les corps lumineux n'ont pas toutes la même longueur; quelques-unes sont plus longues que d'autres. Dans les substances réfringentes, les ondes courtes sont *plus retardées* que les longues; aussi les ondes courtes sont-elles plus *réfractées* que les longues. Telle est la cause de la dispersion.

239. L'image lumineuse qui est formée lorsqu'un faisceau de lumière blanche est ainsi décomposé par un prisme est appelée *spectre.* Si c'est la lumière du soleil que l'on emploie, l'image est appelée *spectre solaire.*

240. Le spectre solaire consiste en une série de vives couleurs qui, lorsqu'on les superpose, reproduisent la lumière blanche primitive. En commençant par la couleur la moins réfractée, on a l'ordre suivant des couleurs dans le spectre solaire : rouge, orangé, jaune, vert, bleu, indigo, violet.

241. *La couleur de la lumière est déterminée seulement par sa longueur d'onde.* — La longueur des ondes éthérées diminue graduellement du rouge au violet. La longueur d'une onde de lumière rouge est d'environ $\frac{1}{39000}$ de pouce; celle d'une onde de lumière violette est d'environ $\frac{1}{57500}$ de pouce. Les ondes qui produisent les autres couleurs sont comprises entre ces extrêmes.

242. La vitesse de la lumière étant de 192000 milles par seconde, si l'on multiplie ce nombre par 39000, on obtient le nombre d'ondes de lumière rouge contenues dans 192000; le produit est 444439680000000. *Toutes ces ondes entrent dans l'œil en une seconde,* 699000000000000 d'ondes de lumière violette entrent dans l'œil dans le même intervalle. C'est à ce degré prodigieux de vitesse que la rétine est heurtée par les ondes lumineuses.

243. La couleur est en réalité à la lumière ce que le degré d'acuité est au son. Le degré d'acuité d'une note ne dépend que du nombre d'ondes aériennes qui frappent l'oreille en une seconde. La couleur de la lumière dépend du nombre d'ondes éthérées qui frappent l'œil en une seconde. Ainsi la sensation du rouge est produite lorsque quatre cent soixante-quatorze millions de millions de chocs sont reçus par le nerf optique en une seconde; et la sensation du violet est produite lorsque le nerf optique reçoit six cent quatre-vingt-dix-neuf millions de millions de chocs en une seconde. On ne rencontre pas de nombres moins immenses dans la théorie de l'émission; et « il n'y a pas de manière de concevoir le sujet qui ne conduise à admettre l'action de forces mécaniques que l'on peut bien appeler infinies ([1]). »

Rayons invisibles : calorescence et fluorescence.

244. Le spectre s'étend dans les deux sens au delà de ses limites visibles. Au delà du rouge visible il y a des rayons très chauds, quoiqu'ils ne puissent exciter la vision; au delà des rayons violets nous avons une grande quantité de rayons qui, quoique faibles en chaleur et incapables de donner de la lumière, sont de la plus grande importance à cause de la propriété dont ils jouissent de produire des actions chimiques.

245. Dans la lumière électrique, l'énergie des rayons calorifiques non lumineux émis par les pointes de charbon est environ huit fois plus grande que celle de tous les autres rayons ensemble. Les rayons calorifiques obscurs du soleil sont aussi probablement bien des fois plus chauds que les rayons lumineux solaires. Il est possible de tamiser le faisceau de rayons solaires ou électriques de manière à intercepter les rayons lumineux et à laisser un passage libre aux rayons non lumineux.

246. On peut obtenir de cette manière des foyers parfaitement obscurs où des corps combustibles peuvent être brûlés, des métaux non réfractaires être fondus, et des corps réfrac-

([1]) Sir John Herschel.

taires être élevés à la température de la chaleur blanche. Les rayons calorifiques non lumineux peuvent être transformés ainsi en rayons lumineux qui donnent toutes les couleurs du spectre. Ce passage de l'état non lumineux à l'état lumineux par l'intervention d'un corps réfractaire est appelé *calorescence.*

247. Il en est de même pour les rayons ultra-violets; lorsqu'on les fait tomber sur certaines substances, par exemple, sur le sulfate de quinine, ils rendent ces substances lumineuses; *des rayons invisibles sont aussi rendus visibles.* Le changement reçoit ici le nom de *fluorescence.*

248. Dans la calorescence, les atomes des corps réfractaires oscillent plus rapidement que les corps qui tombent sur eux; les périodes des ondes sont rendues plus courtes par leur choc contre les atomes. La réfrangibilité des rayons est réellement *exaltée.* Dans la fluorescence, au contraire, le choc des ondes provoque dans les molécules du corps fluorescent des vibrations dont les périodes sont plus lentes que celles des ondes incidentes; en réalité, la réfrangibilité des rayons est diminuée. Ainsi, en exaltant la réfrangibilité des rayons ultra-rouges, et en affaiblissant la réfrangibilité des rayons ultra-violets, on rend les deux classes de rayons capables de produire la vision.

249. Quoique le terme soit loin d'être irréprochable, ces rayons, les ultra-rouges et les ultra-violets, qui sont impuissants à produire la vision sont appelés *rayons invisibles.* A la rigueur on ne peut pas dire que des rayons soient visibles ou invisibles; ce ne sont pas les rayons eux-mêmes, mais les objets qu'ils éclairent, qui deviennent visibles. « *L'espace,* quoique traversé par les rayons de tous les soleils et de toutes les étoiles, est complètement inaperçu. L'éther lui-même, qui remplit l'espace, et dont les mouvements sont la lumière du monde, n'est pas visible([1]). »

Théorie des périodes visuelles.

250. Une corde tendue donnant une certaine note résonne lorsqu'on produit cette note. Si l'on chante dans un piano ou-

([1]) *Proceedings of the Royal Institution*, Vol. V., p. 456.

vert, les cordes dont les notes sont à l'unisson de la voix seront mises en vibrations sonores. Si l'accord n'existe pas entre la note et la corde, il n'y a pas de résonnance, quelque forte que soit la voix qui produit cette note. Certains carreaux de vitres d'église sont quelquefois brisés par certains sons des orgues, à cause de la coïncidence de leurs périodes de vibrations avec celles de l'orgue.

251. On comprend que de cette manière une note faible, par la coïncidence de ses périodes de vibration avec celles d'un corps sonore, puisse produire des effets qu'une note forte ne pourrait produire à cause du défaut de coïncidence.

252. Ce phénomène bien connu du son nous aide à comprendre comment la rétine se comporte à l'égard de la lumière. La rétine, ou plutôt le cerveau dans lequel aboutissent les fibres de la rétine, se trouve comme à l'unisson d'une certaine série de vibrations, et reste insensible à toutes les vibrations qui sont en dehors de cette série, quelque intenses qu'elles puissent être.

253. La quantité de mouvement ondulatoire transmis à l'œil pendant la nuit par une bougie, à un mille de distance, est suffisante pour rendre la bougie visible. En employant les puissants rayons ultra-rouges du soleil ou de la lumière électrique, on peut démontrer que des ondes éthérées qui ont plusieurs millions de fois l'énergie mécanique des ondes produites par la lumière de la bougie, peuvent frapper la rétine sans lui faire éprouver de sensations d'aucune sorte. L'influence en fait de vision est exercée ici par les *périodes successives* des ondes plutôt que par leur *intensité*.

254. Lorsque deux notes ou sons musicaux sont séparées par un intervalle d'une octave, la note la plus élevée vibre deux fois aussi vite que la note la plus basse. Dans la note 241, on a estimé les longueurs d'onde à $\frac{1}{39000}$ de pouce pour la lumière rouge et à $\frac{1}{57500}$ de pouce pour la lumière violette; mais ces nombres se rapportent au rouge *moyen* et au violet *moyen*. Les ondes du violet *extrême* ont à peu près la moitié de la longueur de celles de l'extrême rouge, et elles frappent la rétine avec une rapidité double de celle du rouge. Ainsi, tandis que l'*échelle musicale*, ou l'étendue des sons perceptibles à l'oreille, embrasse près de onze octaves, l'*échelle*

optique, ou des ondes perceptibles à l'œil, est comprise dans une seule octave.

Théorie des couleurs.

255. Certains corps naturels ont la propriété d'éteindre, ou, comme on dit d'*absorber* la lumière qui les pénètre. Cette propriété d'absorption est *sélective*, et de là vient, pour la plus grande partie, l'origine des phénomènes des *couleurs*.

256. Lorsque la lumière qui entre dans un corps est *entièrement* absorbée, le corps est noir; un corps qui absorbe toutes les ondes également, mais non entièrement, est gris; un corps qui absorbe les différentes ondes d'une manière inégale est *coloré*. La couleur est produite par l'extinction de certaines parties constituantes de la lumière blanche; les autres parties qui reviennent à l'œil communiquent au corps sa couleur propre.

257. Il faut bien se mettre dans l'esprit que les corps de toutes couleurs, éclairés par de la lumière blanche, réfléchissent de la lumière blanche *à leur surface extérieure*. La lumière qui a pénétré à une certaine profondeur dans le corps a été *tamisée* par une absorption élective, et elle sort ensuite du corps par une réflexion intérieure qui, en général, donne au corps sa couleur.

258. Un verre rouge pur interposé sur le passage d'un faisceau décomposé par un prisme, soit avant, soit après sa décomposition, intercepte toutes les couleurs du spectre, à l'exception du rouge. Un verre d'une autre couleur pure, pareillement interposé, intercepte tout le spectre, à l'exception de la portion qui donne au verre sa couleur. Mais il est extrêmement difficile, sinon impossible, d'obtenir des matières colorantes pures d'une espèce quelconque. Ainsi un verre jaune ne laisse pas seulement passer la lumière jaune du spectre, mais encore une partie du vert et de l'orangé adjacents; un verre bleu ne laisse pas passer seulement le bleu, mais encore une partie du vert et de l'indigo adjacents.

259. Voilà pourquoi si l'on fait passer en même temps un faisceau de lumière blanche à travers un verre jaune et un verre bleu, la seule couleur transmissible qui leur est com-

mune est le vert. Ceci explique pourquoi, lorsqu'on mêle ensemble une poudre jaune et une poudre bleue, elles produisent du vert. La lumière blanche pénètre dans la poudre à une certaine profondeur, et elle renvoie, par une réflexion intérieure, *moins* de sa couleur jaune et de sa couleur bleue. Il ne reste que le vert.

260. L'effet est tout différent lorsque, au lieu de mêler des *matières colorantes* bleues et jaunes, on mêle ensemble les *lumières* bleue et jaune. Ici le mélange est un *blanc* pur. Le bleu et le jaune sont des couleurs complémentaires.

261. On appelle *couleurs complémentaires* deux couleurs qui par leur mélange produisent du blanc. Le spectre contient les couples suivants de couleurs de cette nature :

Rouge et bleu verdâtre,
Orangé et bleu de cyanogène ou de Prusse,
Jaune et bleu indigo,
Jaune verdâtre et violet.

262. Un corps placé dans une lumière qu'il ne peut transmettre paraît noir, quelque intense que soit cette lumière. Ainsi un bâton de cire à cacheter rouge, placé dans le vert vif du spectre, est parfaitement noir. Une solution d'un rouge éclatant, placée dans les mêmes circonstances, ne peut être distinguée d'une encre noire; une étoffe rouge, sur laquelle on fait tomber le spectre, montre sa vive couleur dans la partie rouge du spectre, mais paraît noire dans les autres parties.

263. Jusqu'ici nous avons traité de l'*analyse* de la lumière blanche. En réunissant les couleurs constituantes, de manière à reproduire la lumière primitive, on démontre, par la synthèse, la composition de la lumière blanche.

264. Supposons que le faisceau analysé soit une tranche rectangulaire de lumière. Au moyen d'une lentille cylindrique, on peut recombiner les couleurs et produire par leur mélange le blanc primitif. Il est encore possible de former une image parfaite de la source de lumière en combinant les couleurs de son spectre. La persistance des impressions sur la rétine offre aussi un moyen facile de mélanger les couleurs.

Aberration chromatique. Achromatisme.

265. Comme les différents rayons du spectre ont des degrés différents de réfrangibilité, il est impossible de les amener tous au foyer en un même point par une seule lentille sphérique. Les rayons bleus, par exemple, étant plus réfractés que les rayons rouges, se coupent plus tôt que ces derniers.

266. Aussi, lorsqu'un cône divergent de lumière blanche est rendu convergent par une lentille, le faisceau convergent, en avant du foyer ou du point d'intersection des rayons, est enveloppé dans une gaine de rouge; au delà du foyer, le cône divergent est enveloppé dans une gaine de bleu. Voilà pourquoi, lorsque les rayons réfractés tombent sur un écran placé entre la lentille et le foyer des rayons bleus, on obtient un cercle blanc bordé de rouge, et lorsque l'écran est placé au delà du foyer des rayons rouges, un cercle blanc bordé de bleu. Il est impossible d'obtenir une image sans couleurs dans ces deux positions de l'écran.

267. Cette impuissance d'une lentille à réunir les différentes couleurs dans un foyer commun est appelée *aberration chromatique* ou *aberration de réfrangibilité* de la lentille.

268. Newton regardait comme impossible de corriger l'aberration chromatique, parce qu'il supposait que la dispersion d'un prisme ou d'une lentille était proportionnelle à son pouvoir réfringent, et qu'en détruisant l'une on détruisait l'autre. Mais c'était une erreur.

269. En effet, deux prismes produisant la même réfraction moyenne peuvent produire des degrés très différents de dispersion. En diminuant l'angle du prisme qui disperse le plus, on peut rendre sa dispersion sensiblement égale à celle du prisme qui disperse le moins; on peut ainsi neutraliser les couleurs des deux prismes en les mettant en sens contraire l'un de l'autre, sans que les réfractions se neutralisent.

270. Lorsque, par exemple, un prisme d'eau est opposé à un prisme de flint-glass, après que la dispersion de l'eau, qui est faible, a été détruite, le faisceau est encore réfracté. Si l'on substitue un prisme de *crown-glass* au prisme d'eau, on produit le même effet. Le flint-glass est capable de neutraliser la dispersion du crown avant de neutraliser sa réfraction.

261. Ce qui est dit ici des prismes s'applique également aux lentilles. Une lentille convexe de crown-glass, opposée à une lentille concave de flint-glass, peut avoir sa dispersion détruite, et des images peuvent encore être formées par la combinaison des deux lentilles, parce qu'il y a encore *une réserve* de réfraction.

272. Une combinaison de lentilles qui détruit les couleurs et qui conserve encore une certaine quantité de réfraction, est appelée combinaison achromatique ou simplement *lentille achromatique.*

273. L'œil de l'homme n'est pas achromatique. Il éprouve une aberration de réfrangibilité de même qu'une aberration de sphéricité.

Couleurs subjectives.

274. Le nerf optique est rendu moins sensible par l'action de la lumière. Lorsqu'on passe de la vive lumière du jour dans une chambre modérément éclairée, la chambre paraît obscure.

275. Cela est encore vrai des couleurs individuelles ; lorsque la lumière d'une couleur particulière frappe l'œil, le nerf optique est rendu moins sensible à cette couleur. Il est, de fait, aveugle en partie pour la perception de cette couleur.

276. Si l'on fixe les yeux sur un pain à cacheter rouge placé sur du papier blanc, au bout de quelques instants le pain à cacheter est environné d'un cercle verdâtre, et, si l'on enlève le pain à cacheter, la place qu'il occupait paraît verte.

277. Voici comment ce fait s'explique : en regardant le pain à cacheter, la sensibilité de l'œil pour le rouge est diminuée : par suite, lorsqu'on a ôté le pain à cacheter, la lumière blanche qui tombe sur la partie de la rétine où était formée l'image du pain à cacheter, est privée virtuellement du rouge, qui en faisait une partie constituante, et doit par conséquent paraître avoir la couleur complémentaire. Le cercle de lumière verte qui se montre d'abord provient de ce que la lumière rouge du pain à cacheter s'étend un peu au delà de son image géométrique sur la rétine, par suite de l'aberration de sphéricité de l'œil.

278. Les ombres colorées se rapportent à la même cause. Supposons, par exemple, qu'une vive lumière rouge tombe sur

un écran blanc. Un corps interposé entre la lumière et l'écran projettera une ombre, et si cette ombre est légèrement éclairée par une seconde lumière blanche, elle paraîtra verte. Si la première lumière est bleue, l'ombre paraîtra jaune ; si elle est verte, l'ombre paraîtra rouge. La raison en est que dans le premier cas l'œil est en partie aveugle pour la perception de la couleur projetée sur l'écran ; voilà pourquoi la lumière blanche qui vient de l'ombre à l'œil est privée en partie de cette couleur, et l'ombre paraît avoir la couleur complémentaire.

279. Les couleurs de cette espèce sont appelées *couleurs subjectives ;* elles dépendent de l'état de l'œil, et ne représentent pas les phénomènes extérieurs de coloration.

Analyse spectrale.

280. Les métaux et leurs composés communiquent aux flammes des couleurs particulières, qui sont caractéristiques de ces métaux. Ainsi la flamme très peu éclairante d'un brûleur de Bunsen devient d'un jaune brillant avec le sodium ou quelque composé volatilisable de ce métal, tel que le chlorure de sodium ou sel commun. La flamme est rendue verte par le cuivre, pourpre par le zinc, et rouge par le strontium.

281. Ces couleurs sont produites par les *vapeurs* des métaux mis en liberté dans la flamme.

282. Lorsqu'on examine à travers un prisme ces vapeurs métalliques incandescentes, on observe qu'au lieu d'émettre des rayons formant un spectre *continu*, une couleur passant graduellement à une autre couleur, elles émettent des groupes de rayons ayant des réfrangibilités définies, toutes différentes entre elles. Le spectre correspondant à ces rayons est une série de raies colorées, séparées les unes des autres par des intervalles obscurs. Ces raies sont caractéristiques des gaz lumineux de toute espèce.

283. Ainsi le spectre de la vapeur incandescente de sodium est formé d'une raie brillante située sur les confins de l'orangé et du jaune ; et cette vapeur ne peut produire aucune autre couleur du spectre. Lorsqu'on analyse plus exactement cette raie, elle se résout en deux raies distinctes ; une analyse d'une

plus grande délicatesse la résout en un *groupe* de raies séparées par des intervalles obscurs très fins. Le spectre de la vapeur de cuivre est caractérisé par une série de raies vertes, et la vapeur incandescente du zinc produit de brillantes raies de bleu et de rouge.

284. La lumière des raies produites par les vapeurs métalliques est très intense, parce qu'elle est tout entière concentrée dans un petit nombre de bandes étroites, et qu'elle échappe dans une grande mesure à l'action diluante produite par la dispersion.

285. Ces raies colorées sont parfaitement caractéristiques des vapeurs ; à leur position et à leur nombre, on peut reconnaître sans se tromper la substance qui les produit.

286. Si deux ou plusieurs métaux sont introduits en même temps dans la flamme, l'analyse prismatique fait apparaître les raies de chaque métal comme si les autres n'y étaient pas. Cela est encore vrai lorsqu'on introduit dans la flamme un minéral contenant différents métaux. Chaque métal dont se compose le minéral donne ses raies caractéristiques.

287. Aussi, maintenant que l'on connaît les raies produites par tous les métaux connus, si l'on découvre des raies entièrement nouvelles, c'est une preuve de la présence dans la flamme d'un métal certainement nouveau. C'est ainsi que Bunsen et Kirchhoff, les fondateurs de l'analyse spectrale, ont découvert le rubidium et le cæsium, et que le thallium, avec sa magnifique raie verte, a été découvert par M. Crookes.

288. Les *gaz permanents*, lorsqu'ils sont portés à une température suffisamment élevée, comme ils peuvent l'être par une décharge électrique, présentent aussi dans leurs spectres des raies caractéristiques. On peut les reconnaître à ces raies, même à la distance des étoiles.

289. L'action de la lumière sur l'œil est un moyen d'épreuve d'une délicatesse sans rivale. Cette action joue un rôle spécial dans l'analyse spectrale; de là la puissance de cette méthode d'analyse [1].

[1] Certaines personnes sont incapables de distinguer une couleur du spectre d'une autre; le rouge et le vert, par exemple, sont souvent confondus. Dalton, le célèbre inventeur de la théorie atomique, pouvait distinguer seulement par leur forme les fruits rouges du cerisier de ses feuilles vertes. On fait maintenant attention à cela dans le choix des

Définition nouvelle de la radiation et de l'absorption.

290. On s'est servi des mots *rayon, radiation* et *absorption* longtemps avant les théories reçues actuellement sur la nature de la lumière. Il est nécessaire de comprendre plus clairement le sens attaché à ces termes dans la théorie des ondulations.

291. Et pour compléter nos connaissances, il faut que nous sachions que tous les corps, lumineux ou non, sont *rayonnants ;* s'ils ne rayonnent pas de la lumière, ils rayonnent de la chaleur.

292. Il faut encore que l'on sache que les rayons lumineux sont aussi des rayons de chaleur; que les ondes elles-mêmes de l'éther, en tombant sur un thermomètre, produisent les effets de la chaleur, et qu'en frappant la rétine, elles produisent la sensation de la lumière. Mais les rayons qui produisent le plus de chaleur sont, comme on l'a déjà dit, tout à fait en dehors du spectre visible.

293. Le rayonnement de la lumière et de la chaleur consiste dans la *communication* du mouvement vibratoire des atomes des corps à l'éther qui les environne. L'absorption de la chaleur consiste en ce que les atomes d'un corps reçoivent de l'éther le mouvement qui avait été déjà communiqué à celui-ci par une source de lumière ou de chaleur. Ainsi, dans le rayonnement, le mouvement est transmis à l'éther; dans l'absorption, le mouvement est communiqué par l'éther.

294. Lorsqu'un rayon de lumière ou de chaleur traverse un corps sans rien perdre; en d'autres termes, lorsque les ondes sont transmises à *travers l'éther* qui environne les atomes du corps, sans communiquer sensiblement du mouvement aux atomes eux-mêmes, le corps est *transparent*. Si le mouvement est communiqué à un certain degré par l'éther aux atomes, le corps est *opaque* à un certain degré.

295. Si la lumière ou la chaleur rayonnante est absorbée, le corps absorbant est *échauffé*; s'il n'y a pas d'absorption, la lumière ou la chaleur rayonnante, quelle que puisse être son

conducteurs de locomotives qui ont à distinguer un signal coloré d'un autre. Le défaut en question est appelé quelquefois *Daltonisme*.

intensité, traverse le corps sans exercer d'influence sur sa température.

296. Ainsi, au sein des foyers obscurs dont il a été parlé dans la note 216, ou au foyer du miroir ardent le plus puissant qui concentre les rayons du soleil, l'*air* peut être à la température de la glace, parce que l'absorption de la chaleur par l'air est insensible. Une plaque de sel gemme transparent, placée à ce foyer, est à peine sensiblement échauffée, parce que l'absorption est très faible; tandis qu'une plaque de verre est brisée, et qu'une plaque de platine noircie est portée à la chaleur blanche, ou même fondue, à cause de leur puissance d'absorption.

297. Il est bon de remarquer ici que les calculs sur la température des comètes, fondés sur leurs distances au soleil, peuvent être et sont probablement entièrement erronés. La comète, lors même qu'elle est le plus près du soleil, peut être excessivement froide. Elle peut porter avec elle autour de son périhélie le froid des régions les plus éloignées de l'espace. Si elle est transparente aux rayons du soleil, elle peut n'éprouver aucune influence de la chaleur solaire, tant que cette chaleur conserve la *forme rayonnante*.

Le spectre pur : raies de Fraunhofer.

298. Lorsqu'un faisceau de lumière blanche qui a traversé une fente est décomposé, le spectre est formé réellement d'une série d'images colorées de la fente, placées l'une à côté de l'autre. Si la fente est large, ces images *empiètent* les unes sur les autres; mais dans un spectre *pur*, les couleurs ne doivent pas empiéter l'une sur l'autre.

299. On obtient un spectre pur en rendant très étroite la fente que traverse le faisceau décomposé, et en faisant passer le faisceau par plusieurs prismes successifs qui augmentent de plus en plus la dispersion.

300. Lorsqu'on opère ainsi sur la lumière du soleil, on reconnait que le spectre solaire n'est pas parfaitement continu; il est traversé par des raies obscures innombrables, dans lesquelles n'arrivent pas de rayons. Le docteur Wollaston est le premier qui ait observé quelques-unes de ces raies. Elles

ont été ensuite étudiées avec beaucoup d'habileté par Fraunhofer, qui les a indiquées par des lettres, et en a fait des cartes exactes ; c'est de lui qu'elles ont été appelées *raies de Fraunhofer*.

Réciprocité du rayonnement et de l'absorption.

301. L'absence de rayons dans les raies de Fraunhofer a été longtemps une énigme pour les savants. Cette énigme a été expliquée par le génie de Kirchhoff. La solution du problème a conduit à une nouvelle théorie de la constitution du soleil, et à une méthode qui permet de déterminer la composition chimique du soleil, des étoiles et des nébuleuses. L'application des principes de Kirchhoff, par MM. Huggins, Miller, Secchi, Janssen et Lockyer, a été d'un intérêt et d'une importance spéciale.

302. L'explication donnée par Kirchhoff des raies de Fraunhofer est basée sur ce principe que chaque corps est opaque spécialement pour les rayons qu'il peut émettre lui-même lorsqu'il est rendu incandescent.

303. Ainsi le rayonnement d'une flamme d'oxyde de carbone qui contient de l'acide carbonique à une haute température est intercepté à un degré étonnant par l'acide carbonique. Si l'on fait passer les rayons de la flamme du sodium à travers une seconde flamme de sodium, ces rayons sont arrêtés par la seconde flamme avec une énergie toute particulière. Les rayons de la vapeur incandescente du thallium sont interceptés par la vapeur de thallium, et ainsi des autres métaux.

304. Dans le langage de la théorie ondulatoire, les ondes de l'éther sont absorbées avec une énergie particulière, leur mouvement est pris avec une facilité spéciale, par les atomes dont les périodes des vibrations synchronisent avec les périodes des ondes (ou ont les mêmes durées). C'est une autre manière de dire qu'un corps absorbe avec une énergie spéciale les rayons qu'il peut émettre lui-même.

305. Si l'on fait passer un faisceau de lumière blanche à travers la flamme d'un jaune intense de la vapeur de sodium, le jaune qui entre dans la constitution du faisceau est inter-

cepté par la flamme, tandis que des rayons d'une réfrangibilité différente la traversent librement.

306. Aussi, lorsqu'on projette sur un écran blanc le spectre de la lumière électrique, la flamme du sodium introduite sur le passage des rayons intercepte la partie jaune de la lumière, et le spectre est traversé par une raie obscure à la place du jaune.

307. En introduisant d'autres flammes de la même manière sur le passage du faisceau, si la quantité de vapeur métallique dans la flamme est suffisante, chaque flamme interceptera les raies brillantes qui lui sont propres. Et si la flamme que la lumière traverse contient les vapeurs de plusieurs métaux, on aura sur l'écran les raies obscures caractéristiques de chacun de ces métaux.

308. Supposons que notre lumière électrique soit agrandie au point de former un globe d'une grosseur égale à celle du soleil, et que ce globe incandescent soit enveloppé d'une atmosphère de flammes; cette atmosphère interceptera les rayons du globe qu'elle peut émettre elle-même, et l'absorption de ces rayons sera indiquée par des raies obscures dans le spectre.

309. Nous arrivons ainsi à une explication complète des raies de Fraunhofer, et à une théorie nouvelle de la constitution du soleil. Ce globe est formé d'un noyau solide ou fondu, à l'état d'une violente incandescence : mais il est environné d'une photosphère gazeuse, contenant des vapeurs qui absorbent ceux des rayons du noyau qu'elles peuvent émettre elles-mêmes. Ainsi sont produites les raies de Fraunhofer.

310. Les raies de Fraunhofer sont des bandes étroites *partiellement* obscures; elles sont réellement éclairées par la lumière de l'enveloppe gazeuse du soleil. Mais cette lumière est si faible en comparaison de celle du noyau, intercepté par l'enveloppe, que les raies paraissent obscures à côté de la brillante lumière qui les sépare.

311. Si le noyau central était détruit, les raies de Fraunhofer, *sur un fond parfaitement obscur*, seraient transformées en une série de raies brillantes. Elles seraient semblables au spectre produit par une flamme chargée de vapeurs métalliques. Elles constitueraient le spectre de l'atmosphère solaire.

312. Il n'est pas nécessaire que la photosphère soit composée de *vapeur pure*. Elle contient sans doute des masses énormes de matière à l'état de nuages incandescents, composés de particules fondues à une chaleur blanche. Ces nuages extrêmement lumineux qui sont à une chaleur blanche peuvent être l'origine principale de la lumière que la terre reçoit du soleil, et la véritable vapeur de la photosphère peut être mêlée plus ou moins confusément avec eux. Mais la vapeur qui produit les raies de Fraunhofer doit exister *en dehors* des nuages, comme Kirchhoff le suppose.

Chimie du soleil.

313. On peut déterminer par les raies obscures du spectre quelles sont les substances qui entrent dans la composition de l'atmosphère du soleil.

314. Un exemple en démontrera la possibilité. Faisons passer à travers la même fente la lumière du soleil, et à côté la lumière de la vapeur incandescente de sodium, et décomposons ces deux lumières par le même prisme. La lumière solaire produira son spectre, et la lumière du sodium sa raie jaune. Cette raie jaune coïncidera exactement avec une raie obscure caractéristique du spectre solaire, que Fraunhofer distingue par la lettre D.

315. Si le noyau solaire n'existait pas, et si la photosphère gazeuse émettait seule de la lumière, la raie obscure D serait une raie brillante. Sa nature et sa position prouvent que c'est la lumière émise par le sodium. Ce métal est donc contenu dans l'atmosphère du soleil (1).

316. Le résultat est encore plus convaincant lorsqu'un métal qui donne une série nombreuse de raies brillantes a chacune de ses raies en parfaite coïncidence avec une raie obscure du spectre solaire. Par cette méthode, Kirchhoff, à qui on est

(1) En se reportant à la note 283, on voit que la raie du sodium se résout par une analyse délicate en un groupe de raies. La raie D de Fraunhofer se résout de la même manière. On doit rappeler que M. Talbot et sir John Herschel ont clairement prévu la possibilité d'employer l'analyse spectrale pour découvrir les plus petites traces des corps.

redevable, dans toute sa perfection, de cette magnifique généralisation, a établi l'existence, dans l'atmosphère solaire, du fer, du calcium, du magnésium, du sodium, du chrome et d'autres métaux; et M. Huggins a étendu l'application de la méthode à la lumière des planètes, des étoiles fixes et des nébuleuses ([1]).

Chimie des planètes.

317. La lumière réfléchie par la lune et les planètes est la lumière solaire ; et si l'atmosphère de la planète n'exerçait sur cette lumière aucune influence, le spectre de la planète présenterait les mêmes raies que le spectre solaire.

318. La lumière de la lune ne montre pas d'autres raies. Il n'y a pas de preuve d'une atmosphère autour de la lune.

319. Les raies du spectre de Jupiter indiquent une puissante absorption par l'atmosphère de cette planète. L'atmosphère de Jupiter contient quelques-uns des gaz ou vapeurs qui existent dans l'atmosphère de la terre. Des raies faibles, dont quelques-unes sont identiques à celles de Jupiter, se remarquent dans le spectre de Saturne.

320. Les raies caractéristiques des atmosphères de Jupiter et de Saturne n'existent pas dans le spectre de Mars. La partie bleue du spectre est le lieu principal de l'absorption; et comme cette absorption laisse prédominer les rayons rouges, elle peut être la cause de la couleur rouge de Mars.

321. Toutes les raies les plus prononcées du spectre solaire se trouvent dans le spectre de Vénus, mais il n'y en a pas qui lui soient propres.

Chimie des étoiles.

322. L'atmosphère de l'étoile Aldébaran contient de l'hydrogène, du sodium, du calcium, du fer, du bismuth, du tellure, de l'antimoine, du mercure. L'atmosphère de l'étoile α d'Orion

([1]) Le professeur Stokes a prévu l'application possible de l'analyse spectrale à la chimie solaire.

contient du sodium, du magnésium, du calcium, du fer et du bismuth.

323. Aucune étoile assez brillante pour donner un spectre ne s'est trouvée dépourvue de raies. Une étoile ne diffère d'une autre étoile que par le groupement et la disposition des nombreuses raies fines dont leurs spectres sont traversés.

324. Les raies obscures d'absorption sont les plus fortes dans les spectres des étoiles jaunes et rouges. Dans les étoiles blanches, les raies, quoique également nombreuses, sont minces et faibles.

325. Une comparaison des spectres d'étoiles de différentes couleurs fait supposer que les couleurs des étoiles peuvent avoir pour cause l'action de leurs atmosphères. L'étoile dont le spectre a des raies très épaisses dans quelques-unes de ses parties a une couleur composée de ce qui reste du spectre.

Le P. Secchi, de Rome, a étudié la lumière de plusieurs centaines d'étoiles, et il les divisées en quatre classes.

Chimie des nébuleuses.

326. Quelques nébuleuses ont des spectres de raies brillantes, d'autres ont des spectres continus. La lumière des premières émane d'une matière extrêmement chaude *à l'état gazeux*, ce qui peut expliquer en partie la faiblesse de la lumière de ces nébuleuses.

327. Il est probable que les corps qui constituent les nébuleuses gazeuses sont l'hydrogène et l'azote.

Les protubérances rouges et l'enveloppe du soleil.

328. Les astronomes ont observé pendant les éclipses totales de soleil d'immenses protubérances rouges qui s'étendent du limbe du soleil à plusieurs milliers de milles dans l'espace. La vive lumière de la région de notre atmosphère qui environne le soleil, masque les protubérances rouges dans les circonstances ordinaires. Celles-ci sont comme éclipsées par cette lumière trop vive.

329. Mais lorsque cette lumière est interceptée par l'inter-

position du corps obscur de la lune, on voit distinctement les protubérances.

330. Il a été prouvé par M. de La Rue et par d'autres que la matière rouge des protubérances s'étendait sur une grande partie de la surface du soleil. D'après les observations de M. Lockyer, la matière rouge forme une *enveloppe complète* autour du soleil.

331. En l'examinant au spectroscope, on reconnaît que la matière des protubérances est, pour la plus grande partie, de l'hydrogène incandescent. Il est mélangé à des vapeurs de sodium et de magnésium.

332. M. Janssen, dans les Indes, et M. Lockyer, en Angleterre, après lui, mais sans savoir ce qu'il avait découvert, ont prouvé que l'on pouvait voir les protubérances sans le secours d'une éclipse totale. L'explication de cette découverte est indiquée dans la note 284, où le vif éclat des raies brillantes des gaz incandescents est attribué à l'absence de dispersion.

333. En faisant passer la lumière qui, dans les circonstances ordinaires, masque les raies de l'hydrogène, à travers un nombre suffisant de prismes, on peut la disperser et l'affaiblir ainsi au degré que l'on veut. Alors la lumière, suffisamment affaiblie mais non dispersée de l'hydrogène incandescent, prédomine sur celle du spectre continu. En parcourant tout le contour du soleil, M. Lockyer a trouvé partout cette atmosphère d'hydrogène, dont la hauteur, qui est généralement de 5000 milles, est indiquée par la longueur de ses raies brillantes caractéristiques. Lorsque l'océan d'hydrogène est peu profond, les raies brillantes sont courtes; lorsque les protubérances s'élèvent comme des vagues immenses au-dessus du niveau de l'Océan, les raies brillantes sont longues. Les protubérances atteignent quelquefois la hauteur de 70 000 milles.

L'arc-en-ciel.

334. Un rayon de lumière solaire, tombant obliquement sur la surface d'une goutte de pluie, est réfracté en entrant dans la goutte; il est réfléchi en partie à l'arrière de la goutte, et lorsqu'il en sort, il est réfracté de nouveau.

335. Le rayon de lumière est décomposé par ces deux réfractions à l'entrée et à la sortie, et lorsqu'il émerge de la goutte,

les couleurs qui le constituent sont séparées. Il entre dans l'œil de l'observateur qui regarde la goutte en tournant le dos au soleil.

336. En général, les rayons solaires, lorsqu'ils sortent de la goutte, sont *divergents*, et ne produisent par conséquent qu'une faible impression sur l'œil. Mais à *un* angle particulier, les rayons, après avoir été réfractés deux fois et réfléchis une fois, sortent de la goutte presque parfaitement parallèles. Ils conservent ainsi leur intensité comme les rayons réfléchis par un miroir parabolique, et produisent un effet correspondant sur l'œil. L'angle sous lequel ce parallélisme se produit varie avec la réfrangibilité de la lumière.

337. Menez une ligne droite du soleil à l'œil de l'observateur et prolongez cette ligne au delà de l'observateur. Imaginez une autre ligne partant de l'œil et formant un angle de 42°30' avec la ligne qui serait menée au soleil. La goutte de pluie rencontrée par cette seconde ligne enverra à l'œil un faisceau parallèle de *rayons rouges*. Toute autre goutte semblablement placée, c'est-à-dire, toute goutte située à une distance angulaire de 42°30' de la ligne menée au soleil, produira le même effet. On obtient ainsi une *bande circulaire* de lumière rouge, formant une partie de la base d'un cône dont l'œil de l'observateur est le sommet. A cause de la grandeur angulaire du soleil, la largeur de la bande sera d'un demi-degré.

338. Imaginons une autre ligne menée de l'œil de l'observateur et faisant un angle de 40°30' avec la ligne menée au soleil. Une goutte rencontrée par cette ligne enverra à l'œil, suivant sa direction, un faisceau de rayons presque parfaitement parallèles de lumière *violette*. Toutes les gouttes situées à la même distance angulaire feront de même, et l'on aura une bande de lumière violette de la même largeur que le rouge. Ces deux bandes forment les couleurs limites de l'arc-en-ciel, et entre elles sont comprises les bandes qui correspondent aux autres couleurs.

339. L'arc-en-ciel est, en effet, un spectre dans lequel les gouttes de pluie jouent le rôle de prismes. La largeur de l'arc du rouge au violet est d'environ deux degrés. La grandeur de l'arc visible à un moment donné dépend évidemment de la position du soleil. L'arc est le plus grand lorsqu'il est formé au lever ou au coucher du soleil. Un observateur dans une

plaine voit alors un demi-cercle entier; au sommet d'une montagne, l'arc paraît encore plus grand.

340. Les distances angulaires et l'ordre des couleurs que l'on donne ici appartiennent au *premier arc*, mais outre cet arc, on voit ordinairement un *second arc* d'une teinte plus faible, et dans lequel l'ordre des couleurs est *inverse* de celui des couleurs du premier. Dans le premier, la bande rouge forme le bord extérieur convexe de l'arc, c'est la bande la plus grande; dans le second arc, la bande violette est en dehors, et le rouge forme la concavité de l'arc.

341. Le second arc est produit par des rayons qui ont éprouvé *deux* réflexions à l'intérieur de la goutte, ainsi que deux réfractions à sa surface. C'est cette double réflexion intérieure qui en affaiblit la couleur. Dans le premier arc, les rayons incidents tombent sur l'hémisphère supérieur de la goutte et émergent de l'hémisphère inférieur; dans le second arc, les rayons incidents frappent l'hémisphère inférieur, émergent de l'hémisphère supérieur et croisent ensuite les rayons incidents pour arriver à l'œil de l'observateur. Le second arc est large de 3 $\frac{1}{2}$ degrés et il est de 7 $\frac{1}{2}$ degrés plus haut que le premier. Dans l'espace entre les deux arcs, une partie de la lumière réfléchie à la *surface antérieure* des gouttes de pluie arrive à l'œil; mais aucun des rayons qui *entrent* dans les gouttes dans cet espace n'arrive à l'œil après avoir été réfléchi. Aussi cette région de la pluie paraît-elle la plus sombre.

Interférence de la lumière.

342. Dans le mouvement ondulatoire on doit bien distinguer le mouvement de l'*onde* du mouvement des *particules individuelles* qui, à chaque moment, constituent l'onde. Car tandis que l'onde se propage à de grandes distances, les particules individuelles de l'eau qu'elle rencontre dans sa marche font une excursion comparativement courte de balancement. Un oiseau de mer, par exemple, lorsqu'une vague passe sous lui, n'est pas entraîné par elle, mais est soulevé et abaissé (¹).

(¹) Rigoureusement parlant, les particules d'eau décrivent *des courbes fermées*, et non des lignes droites verticales.

343. Ici, comme dans les autres cas, on appelle *amplitude* de l'oscillation, la distance parcourue par les particules d'eau en oscillant, ou l'espace dans lequel se meut l'oiseau verticalement de haut en bas et de bas en haut.

344. Lorsque la lumière de deux sources différentes traverse le même éther, les ondes d'une source doivent être plus ou moins influencées par les ondes de l'autre source. Cette action est très facilement mise en évidence par les ondes de l'eau.

345. Supposons qu'on jette au même instant deux pierres dans une eau tranquille. Autour de chacune d'elles se développera une série d'ondes circulaires. Arrêtons notre attention sur un point A dans l'eau, également éloigné des deux centres d'ébranlement. Les deux premières crêtes de chaque système d'ondes arriveront à ce point au même instant, et il sera soulevé par leur action réunie à une hauteur double de celle qu'il aurait eue par l'action de chaque onde prise séparément.

346. La première dépression de l'un des systèmes d'ondes arrive aussi au point A au même moment que la première dépression de l'autre système, et par leur action réunie le point s'abaissera à une profondeur double de celle qu'il aurait eue par l'action de chaque onde séparément.

347. Ce qui est vrai pour la première dépression est également vrai pour les suivantes. Au point A coïncideront les crêtes et les dépressions successives, et l'agitation de ce point sera double de ce qu'elle aurait été par l'action d'un seul des systèmes d'ondes.

348. La longueur d'une onde est la distance d'une crête ou d'une dépression à la crête ou à la dépression qui précède ou qui suit. Dans le cas des deux pierres jetées au même moment dans une eau tranquille, il est évident que la coïncidence d'une crête avec une crête et d'une dépression avec une dépression aura également lieu si la distance d'une pierre au point A surpasse d'*une longueur d'onde entière* la distance de l'autre pierre au même point. La seule différence serait que la deuxième onde de la pierre la plus voisine coïnciderait avec la première onde de la pierre la plus éloignée. Un des systèmes d'ondes serait alors en retard de toute une longueur d'onde sur l'autre système.

349. Avec un peu de réflexion l'on comprendra encore que la coïncidence d'une crête avec une crête et d'une dépression

avec une dépression se produirait pareillement au point A, lorsque le retard d'un système sur l'autre serait d'un nombre quelconque de *longueurs d'ondes entières*.

350. Mais si l'on suppose que le point A soit *d'une demi-longueur d'onde* plus éloigné d'une pierre que de l'autre, alors, quand les ondes passeront au point A, les crêtes de l'un des systèmes coïncideront toujours avec les dépressions de l'autre système. Lorsqu'une onde d'un système tend à élever le point A, une onde de l'autre système tend au même instant à l'abaisser. Par conséquent le point ne s'élèvera ni ne descendra, et il se comportera comme si l'un ou l'autre des systèmes d'ondes agissait sur lui séparément. La même neutralisation de mouvements se produira lorsque la différence de distance entre les deux pierres et le point A sera d'un nombre impair de demi-longueurs d'ondes.

351. Ainsi, en ajoutant ici du mouvement à du mouvement, on détruit du mouvement et l'on produit du repos. De la même manière exactement, on peut, en ajoutant du son à du son, produire le silence, un système d'ondes sonores pouvant neutraliser un autre système. De même aussi, en ajoutant de la chaleur à de la chaleur, on peut produire du froid, et en ajoutant de la lumière à de la lumière on peut produire des ténèbres. C'est cette parfaite identité des phénomènes de la lumière et de la chaleur rayonnante avec les phénomènes du mouvement des ondes qui constitue la force de la théorie des ondulations.

352. Cette action d'un système d'ondes sur un autre, qui fait que le mouvement ondulatoire est augmenté ou diminué, est appelée *interférence*. Relativement aux phénomènes optiques, elle est nommée *interférence de la lumière*. Nous aurons souvent dans la suite l'occasion d'appliquer ce principe.

Diffraction, ou inflexion de la lumière.

353. Newton, qui était familiarisé avec l'idée d'un éther, et qui l'a effectivement introduite dans quelques-unes de ses spéculations, objectait que si la lumière se propageait par ondes, il ne devrait pas y avoir d'ombres, car les ondes se plieraient en tournant autour des corps opaques, et détruiraient les

ombres derrière eux. Suivant la théorie des ondulations, cette inflexion des ondes a réellement lieu, mais les différentes parties des ondes infléchies se détruisent mutellement par leurs interférences.

354. Cette courbure des ondes lumineuses près des corps opaques a reçu le nom de *diffraction* ou *inflexion* (en allemand, *beugung*). Nous avons maintenant à étudier quelques-uns des effets de diffraction.

355. Et pour cela il est nécessaire que notre source de lumière soit un point physique ou une ligne fine : car lorsqu'on emploie une surface lumineuse étendue, les effets de ses différents points dans les phénomènes de diffraction se neutralisent entre eux.

356. On obtient un *point* lumineux en faisant converger, avec une lentille à court foyer, les rayons parallèles du soleil que l'on introduit par une petite ouverture dans une chambre obscure. La petite image du soleil formée au foyer est ici notre point lumineux. L'image du soleil formée par la surface d'une boule argentée, ou par la surface convexe d'une lentille de verre ou d'un verre de montre noirci à l'intérieur, peut aussi remplir ce but.

357. On obtient une *ligne* lumineuse en introduisant la lumière du soleil par une fente, et en faisant passer la tranche de lumière à travers une lentille cylindrique. Le faisceau rectangulaire est réduit à une ligne physique au foyer de la lentille. Un tube de verre noirci à l'intérieur et placé dans la lumière réfléchit à sa surface une ligne lumineuse qui produit un effet semblable. Mais pour beaucoup d'expériences l'ouverture circulaire, ou la fente même, suffit sans aucune condensation produite par une lentille.

358. Dans l'expérience que nous allons décrire, une fente d'une largeur variable est placée devant la lampe électrique, et l'on regarde cette fente à une certaine distance par une autre fente, qui a aussi une largeur variable. On rend la lumière de la lampe monochromatique en plaçant devant la fente un verre d'un rouge pur.

359. En plaçant l'œil sur la ligne droite menée des pointes de charbon de la lumière électrique par les deux fentes, on observe un phénomène ordinaire. D'abord on voit la fente qui est devant la lampe sous la forme d'un rectangle éclatant

de lumière; puis à droite et à gauche apparaît une longue série de rectangles, décroissant en éclat, et séparés les uns des autres par des intervalles absolument obscurs.

360. La largeur des bandes varie avec la largeur de la fente placée devant l'œil. Si l'on élargit la fente, les images deviennent plus étroites, et sont plus rapprochées les unes des autres; si l'on rétrécit la fente, les images s'élargissent et s'éloignent les unes des autres.

361. On prouve que la largeur des bandes est en raison inverse de la largeur de la fente placée devant l'œil.

362. Ne changeons rien à la disposition de l'appareil, et plaçons sur la passage de la lumière un verre d'un bleu pur, ou une solution de sulfate ammoniacal de cuivre, qui donne un bleu très pur. Nous obtiendrons ainsi une série de bandes bleues, exactement semblables à la première sous tous les rapports, sauf un seul: les rectangles bleus seront plus *étroits* et *plus rapprochés les uns des autres* que ne l'étaient les rectangles rouges.

363. Si l'on emploie des couleurs de réfrangibilités intermédiaires entre celles du rouge et du bleu, ce qu'on peut faire en présentant la fente aux différentes couleurs du spectre, on obtient des bandes ayant des largeurs intermédiaires et occupant des positions intermédiaires entre celles du rouge et du bleu. Par suite, lorsque de la lumière blanche passe par la fente, les différentes couleurs ne sont pas superposées, et au lieu d'une série de bandes monochromatiques, séparées par des intervalles d'obscurité, on a une série de spectres colorés placés côte à côte, dans lesquels les couleurs les plus réfrangibles sont les plus voisines de la fente.

364. Lorsque la fente qui est devant la lanterne est éclairée par la flamme d'une bougie, au lieu de la lumière électrique qui est plus intense, on observe les effets essentiellement les mêmes, quoique moins brillants.

365. Que signifie cette expérience, et comment les images latérales de la fente sont-elles produites? La théorie de l'émission est impuissante à expliquer ces résultats et certains autres qui les accompagnent. Voyons comment ils sont expliqués par la théorie des ondulations.

366. Pour simplifier, nous examinerons le cas d'une lumière monochromatique. Imaginons une onde d'éther marchant de

la première fente vers la seconde, et remplissant finalement la seconde fente. Lorsque l'onde passe par cette dernière, elle ne continue pas seulement son chemin vers la rétine, mais elle diverge à droite et à gauche, et tend à mettre en mouvement la masse entière de l'éther qui est derrière la fente. En réalité, *chaque point de l'onde qui remplit la fente est lui-même un centre de nouveaux systèmes d'ondes qui sont transmises dans toutes les directions par l'éther derrière la fente.* Nous avons maintenant à examiner comment ces ondes secondaires agissent les unes sur les autres.

367. Considérons d'abord le rectangle central de la série. Il est évident que les différentes parties de chaque section transversale de l'onde, qui dans ce cas remplit notre fente, arrivent à la rétine au même instant. Elles sont en parfaite concordance, car aucune partie n'est en retard par rapport à une autre partie. Les rayons arrivant ainsi directement de la source à la rétine par la fente, produisent la bande centrale de la série.

368. Mais considérons maintenant les ondes qui divergent *obliquement* à partir de la fente. Dans ce cas, les ondes qui partent des deux bords de la fente ont à parcourir des *distances inégales* pour arriver à la rétine. Supposons que la différence de marche des rayons partant des bords soit une longueur entière d'onde de la lumière rouge; quelle influence cette différence exercera-t-elle sur l'illumination finale de la rétine?

369. Fixez votre attention sur le rayon ou la ligne de lumière qui passe exactement par le *centre* de la fente pour aller à la rétine. La différence de marche entre ce rayon central et les rayons des bords est, dans le cas que nous supposons ici, *d'une demi-longueur d'onde*. La moindre réflexion nous fera comprendre que chaque rayon d'un côté de la ligne centrale trouve de l'autre côté un rayon dont la marche diffère d'une demi-ondulation, et avec lequel il est, par conséquent, en discordance complète. Il s'ensuit que la lumière d'un côté de la ligne centrale détruira complètement la lumière de l'autre côté de cette ligne, et qu'une obscurité absolue sera le résultat de leur extinction mutuelle. Le premier intervalle *obscur* de notre série se trouve ainsi expliqué. Il

produit par une obliquité qui fait que les marches des rayons des bords diffèrent entre elles *d'une longueur entière d'onde.*

370. Lorsque la différence de marche des rayons des bords est *d'une demi-longueur d'onde,* il se produit une destruction *partielle* de la lumière. L'intensité lumineuse correspondant à cette obliquité est d'un peu moins de la moitié, exactement de 0,4 de celle de la lumière non diffractée.

371. Si les marches des rayons des bords diffèrent de trois demi-ondulations, et si le faisceau entier est partagé en trois parties égales, deux de ces parties se neutraliseront complètement, et la troisième seule sera efficace. On a donc une bande lumineuse correspondant à une obliquité qui produit une différence de trois demi-ondulations, mais cette bande a une intensité beaucoup moindre que la bande centrale non diffractée.

372. Avec une différence de marche de quatre demi-ondulations pour les rayons des bords, on a une seconde extinction du faisceau entier et un espace d'obscurité complète correspondant à cette obliquité. On peut continuer de cette manière, et le résultat général sera qu'à toute obliquité qui produira une différence de marche d'un nombre *pair* de demi-ondulations pour les rayons des bords, il y aura extinction complète; tandis que si cette différence est d'un nombre *impair* de demi-ondulations, il y aura extinction partielle, et une partie du faisceau restera pour former une bande lumineuse.

373. On se convaincra par un moment de réflexion que plus l'onde sera courte, moins il faudra d'obliquité pour produire le retard nécessaire. Les maxima et les minima de la lumière bleue doivent donc être plus rapprochés du centre que les maxima et les minima de la lumière rouge. Les maxima et les minima des autres couleurs seront entre ces extrêmes. On explique ainsi complètement et d'une manière simple le phénomène extraordinaire cité dans la note 359. Lorsqu'on se sert d'une fente et d'une lunette au lieu de la fente vue à l'œil nu, les effets sont agrandis et rendus plus brillants.

Mesure des ondes lumineuses.

374. Nous sommes maintenant en état de résoudre le problème important de la mesure de la *longueur* d'une onde de lumière.

375. La première de nos bandes obscures correspond, comme on l'a déjà expliqué, à une différence de marche d'une ondulation pour les rayons des bords; la seconde bande obscure à une différence de marche de deux ondulations; la troisième à une différence de trois ondulations; et ainsi de suite. Avec une fente de $1^{mm},35$ (¹) de largeur, Schwerd a trouvé que la distance angulaire de la première bande obscure au centre du champ était de 1'38". Les distances angulaires des autres bandes obscures sont deux fois, trois fois, quatre fois, etc., cette quantité, c'est-à-dire qu'elles sont *en progression arithmétique.*

376. Faites une figure de la fente EC avec le faisceau qui la traverse sous l'obliquité correspondante à la première bande obscure. Menez une perpendiculaire du bord E de la fente au rayon marginal de l'autre bord en *d*. La distance *cd* entre le pied de cette perpendiculaire et l'autre bord est la longueur de l'onde lumineuse. Du point E comme centre, avec la largeur EC pour rayon, supposez qu'on trace un demi-cercle; son rayon étant de $1^{mm},35$, la longueur de ce demi-cercle est $4^{mm},248$. Maintenant la longueur de ce demi-cercle est à la longueur *cd* de l'onde comme 180° est à 1'38", ou comme 648000 est à 98. On a ainsi la proportion

648000 : 98 :: 4,248 la longueur d'onde *cd* (²).

En faisant le calcul on trouve que la longueur d'onde de cette espèce particulière de lumière (le rouge) est de 0,000643 de millimètre, ou 0,000026 de pouce.

377. Au lieu de les recevoir directement sur la rétine, on peut recevoir les franges colorées sur un écran. Dans ce cas, il est bon d'employer une lentille fortement convergente, pour porter le faisceau de la première fente à un foyer, et de placer la seconde fente ou d'autres bords produisant la diffraction entre le foyer et l'écran. La lumière émane alors virtuellement du foyer.

378. Si l'on place parallèlement à la fente dans le faisceau le bord de la lame d'un couteau, l'ombre de la lame sur l'écran

(¹) Le milimètre est d'environ $\frac{1}{25}$ de pouce.

(²) *cd* est si petit qu'il se confond presque avec le cercle tracé autour de E.

sera bordée par une série de franges colorées parallèles. Si la lumière est monochromatique, les bandes seront simplement brillantes et obscures. Le dos de la lame produit le même effet que son tranchant. Un couteau à papier en bois ou en ivoire produit exactement le même effet qu'une lame d'acier. Les franges sont absolument indépendantes de la nature de la substance autour des bords de laquelle la lumière est diffractée.

379. Un gros fil placé dans le faisceau a des franges colorées de chaque côté de son ombre. Si le fil est *fin*, ou si l'on se sert d'un cheveu, on voit l'ombre géométrique remplacée par des bandes parallèles. Les premières sont nommées *franges extérieures*, les dernières *franges intérieures*. Young et Fresnel expliquent tous ces phénomènes par des effets d'interférence.

380. Une *fente* est formée de deux bords en face l'un de l'autre. Lorsqu'une fente est placée dans le faisceau entre le foyer et l'écran, l'espace entre les bords est occupé par des bandes colorées.

381. En regardant un point lumineux éloigné par un petit trou circulaire, on voit le point entouré d'une série de bandes colorées. Si la lumière est monochromatique, les bandes sont simplement brillantes et obscures, mais avec de la lumière blanche les cercles présentent les couleurs de l'iris.

382. On peut varier ces effets à l'infini en modifiant les dimensions, la forme et le nombre des ouvertures par lesquelles on observe le point lumineux. Les becs de gaz des rues regardés à travers les mailles d'un mouchoir font voir aussi des phénomènes de diffraction. Les effets de diffraction obtenus par Schwerd en regardant à travers des plumes d'oiseau sont très brillants. Les nuages irisés des Alpes sont encore un effet de diffraction (¹).

(¹) On peut imiter cet effet avec de la poudre de lycopode. Les phénomènes de diffraction des « nuages actiniques » sont d'une beauté splendide. Un des exemples les plus intéressants de diffraction par de petites particules que j'aie jamais connu, est celui d'un artiste dont la vision était troublée par des cercles vivement colorés. Lorsqu'il vint à moi, il avait une grande peur de perdre la vue ; ce qui augmentait sa crainte, c'est que les cercles s'agrandissaient et que les couleurs devenaient plus vives. J'attribuai les couleurs à de petites particules

383. En suivant les indications de la théorie, Poisson a été conduit à ce résultat paradoxal que dans le cas *d'un disque circulaire opaque*, l'illumination du centre de l'ombre, produite par la diffraction, était exactement la même que si le disque n'existait pas du tout. Cette conséquence extraordinaire de la théorie a été ensuite vérifiée expérimentalement par Arago.

Couleurs des lames minces.

384. Lorsqu'un faisceau de lumière monochromatique, par exemple, de rouge pur, que l'on peut obtenir aisément par absorption, tombe sur une lame mince transparente, une portion de la lumière est réfléchie à la première surface de la lame; une autre portion entre dans la lame, et elle est réfléchie en partie à la seconde surface.

385. Cette seconde portion qui a traversé la lame en allant et en revenant est *en retard* sur la lumière réfléchie la première. Le cas ressemble à celui de nos deux pierres jetées dans une eau tranquille à des distances inégales du point A (note 345).

386. Si l'épaisseur de la lame mince est telle que le faisceau réfléchi à la seconde surface soit en retard d'une longueur d'onde entière ou d'un nombre quelconque de longueurs d'onde entières, ou en d'autres termes, d'un nombre *pair* quelconque de demi-longueurs d'onde, les deux faisceaux réfléchis, en se propageant dans l'éther, seront en *concordance complète;* ils s'aideront donc l'un l'autre, et feront paraître la lame plus brillante que ne le ferait chacun d'eux séparément.

387. Mais si l'épaisseur de la lame mince est telle que le faisceau réfléchi à la seconde surface soit en retard d'une demi-longueur d'onde ou d'un nombre *impair* de demi-longueurs d'onde, les deux faisceaux réfléchis seront en *discordance*

nageant dans les humeurs de l'œil, et je lui rendis le courage en l'assurant que l'augmentation de grandeur et de vivacité indiquait une diminution de volume des petites particules qui produisaient la diffraction, et qu'elles finiraient par être entièrement absorbées. La prédiction se réalisa. Il n'est pas besoin de dire combien les connaissances optiques sont nécessaires à l'oculiste praticien.

complète; et il s'ensuivra une extinction de lumière. Si à la lumière qui a été réfléchie une seule fois à la deuxième surface on ajoute celle qui a été réfléchie plus d'une fois, le faisceau réfléchi à la première surface peut être *entièrement* éteint. Lorsque cette extinction totale a lieu, la lame paraît noire.

388. Si la lame a une épaisseur variable, ses différentes parties paraîtront brillantes ou obscures, selon que l'épaisseur sera favorable à la concordance ou à la discordance des rayons réfléchis.

389. Comme les ondes lumineuses ont des longueurs différentes, il faut aux différentes couleurs du spectre des épaisseurs différentes pour produire la concordance et la discordance; plus les ondes sont longues, plus la lame doit avoir d'épaisseur. Voilà pourquoi une épaisseur qui produit l'extinction d'une couleur ne produit pas l'extinction d'une autre couleur. Lors donc qu'une lame mince, qui a une épaisseur variable, est éclairée par de la lumière *blanche*, elle donne naissance à des couleurs variées.

390. Ces couleurs sont appelées couleurs des *lames minces*.

391. Les couleurs des bulles de savon, de l'huile ou du goudron sur l'eau, de l'acier trempé; les couleurs brillantes des scories de plomb ; les anneaux colorés de Nobili ; les couleurs changeantes des ailes de certains insectes, sont toutes des couleurs de lames minces. Des couleurs sont produites par des membranes transparentes de toute sorte. On voit souvent dans les corps cristallisés des couleurs irisées provenant des fissures produites par une fracture intérieure. Quand on coupe la glace opaque sous les moraines des glaciers, on rencontre souvent des fractures, et les couleurs des lames minces brillent dans le corps de la glace d'un éclat extraordinaire.

392. Newton prit une lentille d'une faible courbure en contact optique avec une surface plane de verre. Entre la lentille et la surface il eut une lame mince d'air, dont l'épaisseur augmentait graduellement à partir du point de contact. Il obtint ainsi à une lumière monochromatique une série d'*anneaux* brillants et obscurs, correspondant aux différentes épaisseurs de la lame d'air, qui produisaient alternativement des concordances et des discordances.

393. Il trouva que les anneaux produits par le violet étaient

plus petits que ceux produits par le rouge, et que les anneaux produits par les autres couleurs étaient compris entre ces extrêmes. Par suite, lorsqu'on emploie la lumière blanche, les « anneaux de Newton » apparaissent sous la forme d'une succession de bandes circulaires colorées. Un bien plus grand nombre d'anneaux sont visibles à la lumière monochromatique qu'à la lumière blanche, parce que les anneaux diversement colorés, lorsque la lame est parvenue à une certaine épaisseur, empiètent les uns sur les autres et recomposent de la lumière blanche.

394. Newton, malgré l'imperfection des moyens dont il disposait, mesura les diamètres de ses anneaux avec une exactitude merveilleuse; il détermina aussi, d'après la longueur focale et l'indice de réfraction de sa lentille, le diamètre de la sphère dont cette lentille formait une partie. Il trouva que les carrés des diamètres de ses anneaux étaient en *progression arithmétique*, et que par conséquent les *épaisseurs* de la lame d'air correspondantes aux diamètres des anneaux étaient aussi en progression arithmétique.

395. Il détermina les *épaisseurs absolues* des lames d'air auxquelles les anneaux étaient formés. En employant les rayons les plus lumineux du spectre, c'est-à-dire les rayons qui sont entre le jaune et l'orangé, il trouva que l'épaisseur correspondante au premier anneau brillant était de $\frac{1}{178000}$ de pouce (0,0001427 de millimètre).

395. La série entière des anneaux brillants était formée aux épaisseurs successives suivantes :

$$\frac{1}{178000},\quad \frac{3}{178000},\quad \frac{5}{178000},\quad \frac{7}{178000},\quad \text{etc.};$$

et la série des anneaux obscurs, qui séparaient les anneaux brillants, aux épaisseurs

$$\frac{2}{178000},\quad \frac{4}{178000},\quad \frac{6}{178000},\quad \frac{8}{178000},\quad \text{etc.};$$

397. Pour expliquer les anneaux, Newton supposa que les particules lumineuses avaient des *accès de facile transmission et de facile réflexion*. Il se figurait probablement que ces particules étaient animées à la fois d'un mouvement de translation dans l'espace, et d'un mouvement de rotation autour de leurs axes. Si nous supposons que ces particules ressemblent à de petits aimants qui présentent alternative-

ment des pôles attractifs et répulsifs à la surface dont ils approchent, nous aurons une idée conforme à celle de Newton.

398. D'après cette notion, la réflexion et la réfraction ordinaires auront lieu selon que les particules présenteront leurs pôles répulsifs ou attractifs à la surface réfléchissante ou réfringente.

399. Qu'on se figure donc que les particules lumineuses tournant sur elles-mêmes pénètrent dans la lame d'air entre la lentille et la plaque de Newton. Si la distance entre la lentille et la plaque est telle que la particule lumineuse fasse une *révolution complète*, elle présentera *à la seconde surface* de la lame d'air le même pôle qu'elle a présenté à la première. Elle sera par conséquent *transmise*, et elle ne reviendra pas à l'œil.

400. Cet effet aura encore lieu si la distance entre la plaque et la lentille est telle que la particule lumineuse puisse faire deux, trois, quatre, etc., révolutions complètes. *Ainsi sont expliqués les anneaux obscurs de Newton*. Ils se produisent aux lieux où les particules lumineuses, au lieu de revenir à l'œil après avoir été réfléchies à la seconde surface de la lame, sont transmises par cette surface.

401. Mais si l'épaisseur de la lame est telle qu'elle ne permette à la particule lumineuse qui a traversé la première surface de ne faire qu'*une demi-révolution* avant d'arriver à la seconde surface, alors elle présentera à celle-ci un pôle répulsif et elle reviendra à l'œil. La même chose arrivera si la distance entre les deux surfaces est telle que la particule lumineuse fasse trois, ou cinq, ou sept, etc., demi-révolutions. *Ainsi s'expliquent les anneaux brillants de Newton*; ils se produisent aux lieux où les particules lumineuses sont réfléchies à l'œil en arrivant à la seconde surface.

402. La théorie de l'émission arrive ici aux mêmes conséquences que la théorie des ondulations. Newton suppose que l'action qui produit les anneaux alternativement brillants et obscurs a lieu sur *une seule* surface; savoir, la seconde surface de la lame. La théorie des ondulations affirme que les anneaux sont produits par l'interférence des rayons réfléchis sur *les deux* surfaces. Il a été prouvé qu'il en était ainsi. En employant de la lumière polarisée (qu'on décrira et que l'on expliquera dans la suite), on peut détruire la réflexion à la

première surface de la lame, et alors les anneaux disparaissent tout à fait.

403. La théorie de Newton est évidemment très belle et très ingénieuse; elle est confirmée en apparence par le fait que des anneaux d'une faible intensité sont réellement formés par de *la lumière transmise*, et que les anneaux brillants formés par la lumière transmise correspondent à des épaisseurs qui produisent des anneaux obscurs par de la lumière réfléchie.

404. Les anneaux produits par transmission sont attribués dans la théorie des ondulations à l'interférence des rayons qui ont traversé directement la lame avec d'autres rayons qui ont éprouvé *deux réflexions*, dans l'intérieur de la lame. Ils sont ainsi parfaitement expliqués.

Note. L'épaisseur de $\frac{1}{178000}$ de pouce dont il est question dans la note 396 comme correspondant au premier anneau brillant, est le *quart* de la longueur d'une ondulation de la lumière employée par Newton. Il suit de là que les rayons qui ont été réfléchis à la seconde surface de la lame sont en retard d'une *demi*-ondulation sur ceux qui ont été réfléchis à la première surface. A cette épaisseur, l'anneau devait donc d'après le principe des interférences, être *obscur* au lieu d'être *brillant*. La même remarque s'applique aux épaisseurs $\frac{3}{178000}$, $\frac{5}{178000}$, etc.; la première de celles-ci correspond à un retard de cinq demi-ondulations. Pour les anneaux obscurs, le premier se produit à une épaisseur dont le double est la longueur d'une ondulation entière; le second se produit à une épaisseur qui, doublée, est égale à deux longueurs d'onde; le troisième à une épaisseur dont le double égale trois longueurs d'onde. Si donc on ne tenait compte que de *la seule épaisseur de la lame*, les anneaux brillants devraient être obscurs, et les anneaux obscurs devraient être brillants.

Mais, outre l'épaisseur, il y a une autre chose à considérer. A la première surface de la lame, l'onde passe de l'éther plus dense du verre dans l'éther moins dense de l'air. A la seconde surface de la lame, l'onde passe de l'éther moins dense de l'air dans l'éther plus dense du verre. On démontre que cette différence entre ce qui se passe à l'une et à l'autre des deux surfaces réfléchissantes de la lame équivaut à *l'addition d'une demi-longueur d'onde* à l'épaisseur de la lame. A l'épaisseur absolue, telle que Newton l'a mesurée, il faut donc ajouter dans chaque cas une demi-longueur d'onde; lorsque cela est fait, les anneaux se succèdent exactement suivant la loi énoncée dans les notes 348 à 350.

Double réfraction.

405. Dans l'air, l'eau et le verre bien recuit, l'éther lumineux a la même élasticité dans toutes les directions. Il n'y a rien dans le groupement moléculaire de ces corps qui altère la parfaite homogénéité de l'éther.

406. Mais lorsque l'eau est sous la forme de cristaux de glace, le cas est différent; ici les molécules sont obligées de s'arranger d'une manière déterminée. Elles sont, par exemple, plus rapprochées dans certaines directions que dans d'autres. Cet arrangement des molécules détermine dans l'éther environnant un arrangement qui lui communique des *degrés différents d'élasticité dans des directions différentes.*

407. Dans une plaque de glace, par exemple, l'élasticité de l'éther dans un sens perpendiculaire à la surface de congélation est différente de son élasticité dans un sens parallèle à la même surface.

408. Cette différence s'observe d'une manière particulièrement frappante dans le spath d'Islande, qui est du carbonate de chaux cristallisé; et par suite de l'existence de ces deux élasticités différentes, une onde lumineuse en traversant le spath *est partagée en deux*; l'une, plus rapide, qui correspond à la plus grande élasticité, et l'autre, plus lente, qui correspond à la plus faible élasticité.

409. La vitesse la plus grande donne lieu à la réfraction la plus faible, et si la vitesse est moindre, la réfraction est plus forte. Voilà pourquoi dans le spath d'Islande, où il y a deux ondes qui se meuvent avec des vitesses différentes, nous avons une *double réfraction.*

410. Il en est de même pour le plus grand nombre des corps cristallisés. Si le groupement des molécules n'est pas le même dans toutes les directions, l'éther ne sera pas également élastique dans toutes les directions, et une double réfraction en sera la conséquence infaillible.

411. Dans le sel gemme, l'alun et d'autres cristaux, on rencontre réellement ce groupement homogène des molécules, et ces cristaux se comportent comme le verre, l'eau ou l'air.

412. Dans certains cristaux doublement réfringents, les molécules sont disposées de la même manière de tous les côtés dans une certaine direction. Par exemple, dans la glace, l'arrangement moléculaire est le même tout autour des perpendiculaires à la surface de congélation.

413. De même dans le spath d'Islande, les molécules sont disposées symétriquement autour de l'axe cristallographique, c'est-à-dire autour de la plus courte diagonale du rhombe auquel il peut être réduit par le clivage ([1]).

414. Lorsqu'un faisceau lumineux traverse la glace perpendiculairement à la surface de congélation, ou le spath d'Islande parallèlement à l'axe cristallographique, *il n'y a pas de double réfraction.* Ces cas sont *représentatifs,* c'est-à-dire qu'il n'y a pas de double réfraction dans la direction autour de laquelle l'arrangement moléculaire est le même dans tous les sens.

415. Cette direction suivant laquelle il n'y a pas de double réfraction, est appelée *axe optique* du cristal.

NOTE. Les vibrations de l'éther se faisant *transversalement* à la direction des rayons, l'élasticité qui détermine la vitesse de transmission est celle qui est dans un sens *perpendiculaire* à la direction du rayon. Dans le spath d'Islande, la vitesse est moins grande dans le sens de l'axe; voilà pourquoi l'élasticité dans le sens perpendiculaire à l'axe est un *minimum.* D'un autre côté, le rayon dont les vibrations se font suivant l'axe est le plus rapide; aussi l'élasticité de l'éther dans le sens de l'axe est un *maximum.* Dans les corps parfaitement homogènes, la surface d'élasticité doit être sphérique; elle

([1]) L'arrangement des molécules est tel que le spath d'Islande peut être clivé avec une grande facilité dans trois directions différentes. Les *plans de clivage* sont ici obliques les uns sur les autres. Le sel gemme se clive aussi d'une manière facile et égale suivant trois directions; les plans de clivage sont perpendiculaires l'un à l'autre. Aussi, tandis que le sel gemme se réduit *en cubes* par le clivage, le spath d'Islande se réduit en *rhombes.* Plusieurs cristaux se clivent avec des facilités différentes suivant des directions différentes. La sélénite et le sucre cristallisé (sucre candi) en sont des exemples.

serait mesurée par la même longueur de rayon dans tous les sens. Dans le spath d'Islande, la surface d'élasticité est un ellipsoïde dont le plus grand axe coïncide avec l'axe du cristal.

Phénomènes observés dans le spath d'Islande.

416. Les deux faisceaux dans lesquels se partage le faisceau incident ne se comportent pas de la même manière. L'un d'eux suit la loi ordinaire de la réfraction; son indice de réfraction est parfaitement constant à travers le cristal. Les angles d'incidence et de réfraction sont dans le même plan, comme dans la réfraction ordinaire. Le rayon qui se comporte de cette manière s'appelle *rayon ordinaire*. Pour ce rayon, le sinus d'incidence est au sinus de réfraction, ou la vitesse de la lumière dans l'air est à la vitesse de la lumière dans le cristal, dans le rapport constant de 1,654 à 1. Le nombre 1,654 est *l'indice ordinaire* du spath d'Islande.

417. Mais l'autre faisceau se comporte d'une manière différente. Son indice de réfraction n'est pas constant, et en général l'angle de réfraction n'est pas dans le même plan que l'angle d'incidence. Le rayon qui se comporte ainsi s'appelle *rayon extraordinaire*. Si l'on fait avec du spath d'Islande un prisme dont l'angle réfringent soit parallèle à l'axe optique, lorsque le faisceau incident traverse le prisme *perpendiculairement à l'axe optique*, la séparation de ces deux parties est un *maximum*. Ici la différence d'élasticité entre la direction de l'axe et celle qui lui est perpendiculaire produit son entier effet, et le rayon extraordinaire éprouve son minimum de retard, et par conséquent, son minimum de réfraction. Son indice de réfraction est alors 1,483.

418. L'indice de réfraction du rayon extraordinaire varie avec sa direction à travers le cristal entre 1,483 et 1,654. La valeur minimum du rapport des deux sinus, ou des deux vitesses, qui est 1,483, s'appelle *indice extraordinaire*.

419. Lorsqu'on regarde à travers un rhombe de spath d'Islande une petite ouverture traversée par de la lumière, on voit deux ouvertures. Si le rhombe est placé sur un point noir tracé sur une feuille de papier blanc, on voit deux points; et si l'on fait tourner le spath, une des deux images de l'ouverture ou du point tourne autour de l'autre.

420. L'image qui tourne est celle qui est formée par le rayon extraordinaire.

421. L'une des deux images du point est aussi *plus rapprochée* que l'autre. Le rayon ordinaire se comporte comme s'il venait d'un milieu plus réfringent, et plus la réfraction est forte, plus l'image doit paraître rapprochée. Il a été parlé de l'élévation apparente du fond de l'eau dans les notes 131 et 132. Avec du bisulfure de carbone l'élévation serait plus prononcée, parce que la réfraction est plus considérable. Dans le spath d'Islande, le rapport de l'indice ordinaire à l'indice extraordinaire est à peu près le même que le rapport de l'indice du bisulfure de carbone à l'indice de l'eau; voilà pourquoi *l'image ordinaire* doit paraître plus rapprochée que l'image extraordinaire.

422. Brewster a prouvé qu'un grand nombre de cristaux avaient *deux* axes optiques, ou deux directions suivant lesquelles le faisceau traverse le cristal sans se partager. Le sucre cristallisé, le mica, le spath pesant, le sulfate de chaux et la topaze en sont des exemples.

423. Ainsi les cristaux se divisent en :

I. Cristaux à simple réfraction, tels que le sel gemme, l'alun et le spath fluor, etc.

II. Cristaux à double réfraction, dont il y a deux espèces, savoir :

a. Cristaux à un seul axe, tels que le spath d'Islande, le cristal de roche et la tourmaline, etc.

b. Cristaux à deux axes, tels que l'arragonite, le feldspath et ceux qui sont mentionnés dans la note 422.

424. Lorsqu'un faisceau lumineux tombe obliquement sur une plaque de spath d'Islande taillé perpendiculairement à l'axe, le rayon ordinaire étant le plus réfracté, est plus rapproché de l'axe que le rayon extraordinaire. Le rayon extraordinaire est comme *repoussé* par l'axe. Mais Biot a prouvé qu'il y a plusieurs cristaux dans lesquels c'est le contraire qui a lieu, c'est-à-dire dans lesquels le rayon extraordinaire est plus rapproché de l'axe que le rayon ordinaire, comme s'il était *attiré*. Il a appelé les premiers cristaux répulsifs ou *négatifs*; le spath d'Islande, le rubis, le saphir, l'émeraude, le béril et la tourmaline en sont des exemples; il a nommé les seconds cristaux attractifs ou *positifs*; exemples : le cristal de roche, la glace, le [illegible]con.

Polarisation de la lumière.

425. La double réfraction du spath d'Islande a été découverte par Erasmus Bartholinus, qui l'a décrite le premier dans un Ouvrage publié à Copenhague en 1669. Le célèbre Huyghens a cherché à expliquer le phénomène d'après les principes d'une théorie des ondulations et il y a réussi.

426. Dans ses expériences sur ce sujet, Huyghens a trouvé que lorsqu'un faisceau de lumière ordinaire traverse un spath d'Islande dans une direction quelconque, sauf une (celle de l'axe optique), il est toujours partagé en deux faisceaux *d'égale intensité;* mais que, lorsqu'on fait passer *l'un quelconque* de ces deux faisceaux à travers un second morceau de spath, il se partage en deux autres *d'inégale intensité,* et qu'il y a deux positions où l'un de ces faisceaux disparaît entièrement.

427. En faisant tourner le spath autour de la position d'extinction totale, le faisceau qui avait disparu reparaît; en même temps son compagnon devient plus faible; ils passent ensuite l'un et l'autre par une phase d'égale intensité, et lorsqu'on continue de faire tourner le spath, le faisceau qui était transmis disparaît à son tour.

428. En réfléchissant à cette expérience, Newton est arrivé à la conclusion que le faisceau divisé a acquis des côtés ou faces dans son passage à travers le spath d'Islande, et que son interception et sa transmission dépendaient de la manière dont ses côtés se présentaient aux molécules du second cristal. Il compara cette propriété d'un faisceau lumineux d'avoir *deux faces différentes* à la polarité d'un aimant, et par la suite on dit que le faisceau qui avait acquis cette propriété était *polarisé.*

429. En 1808, Malus, regardant à travers un prisme biréfringent l'une des vitres du palais du Luxembourg, où la lumière du soleil était réfléchie, trouva que dans une certaine position du spath l'image ordinaire de la vitre disparaissait presque entièrement; tandis que dans une autre position perpendiculaire à la première, c'était l'image extraordinaire qui disparaissait. Il remarqua l'analogie entre cette action et celle qui avait été découverte par Huyghens dans le spath d'Islande

et il arriva à la conclusion que l'effet était produit par une propriété nouvelle communiquée à la lumière par sa réflexion sur le verre.

430. Quelle est cette propriété? Le cristal appelé tourmaline fournit le moyen le plus simple pour l'étudier et la comprendre. Ce cristal est bi-réfringent; il partage en deux un faisceau de lumière qui le traverse, mais son groupement moléculaire et la disposition de l'éther intérieur, qui en est la conséquence, sont tels que l'un de ces deux faisceaux s'éteint rapidement, tandis que l'autre est transmis avec une certaine facilité.

431. Il faut bien se graver dans l'esprit que les mouvements des particules individuelles de l'éther se font transversalement à la direction suivant laquelle la lumière se propage. (*Voyez* la note 219). *Dans un faisceau de lumière ordinaire, les vibrations s'exécutent dans tous les sens autour de la ligne de propagation.*

432. La lumière qui traverse une plaque de tourmaline, d'une épaisseur suffisante, et taillée parallèlement à l'axe, éprouve le changement suivant : toutes les vibrations, sauf celles qui s'exécutent *parallèlement à l'axe*, sont éteintes dans l'intérieur du cristal. Voilà pourquoi le faisceau qui émerge de la tourmaline a toutes ses vibrations réduites à un seul plan. Dans cet état, c'est un faisceau *de lumière polarisée dans un plan.*

433. Imaginons qu'on regarde verticalement un faisceau cylindrique de lumière dans lequel toutes les particules de l'éther vibrent dans le même sens, par exemple dans le sens *horizontal;* si les excursions des particules étaient assez grandes, on les verrait s'exécuter à droite et à gauche, à travers la direction du faisceau. En regardant le faisceau horizontalement et dans le sens transversal, on devrait voir les particules s'avancer et reculer, mais leur marche serait invisible, parce que chaque particule de l'éther masquerait son propre mouvement. Dans le premier cas, on verrait *les lignes* d'excursion; dans le second cas, on verrait seulement *les extrémités* de ces lignes. C'est en cela que consistent, dans la théorie des ondulations, les *doubles faces* découvertes par Huyghens, et commentées par Newton.

Polarisation de la lumière par réflexion.

434. La propriété de la double face est aussi communiquée à la lumière par réflexion. C'est la grande découverte de Malus. Un faisceau réfléchi sur une glace est en partie polarisé sous *toutes les incidences obliques ;* une partie de ses vibrations est ramenée à un plan commun. Sous une incidence particulière le faisceau est *complètement polarisé, toutes* les vibrations sont réduites au même plan. L'angle d'incidence qui correspond à cette polarisation complète est appelé *angle de polarisation.*

435. L'angle de polarisation se rattache à l'indice de réfraction du milieu par une très belle loi découverte par sir David Brewster (¹). Lorsqu'un rayon lumineux tombe sur un corps transparent, il est en partie réfléchi et en partie réfracté. Sous une incidence particulière, les parties réfléchies et réfractées du faisceau sont perpendiculaires l'une à l'autre. L'angle d'incidence est *alors* l'angle de polarisation. Telle est l'expression géométrique de la loi de Brewster.

436. L'angle de polarisation augmente avec l'indice de réfraction du milieu. Pour l'eau il est de 53°, pour le verre de 58°, et pour le diamant de 68°.

437. Ainsi, lorsqu'un faisceau de lumière, dont les vibrations s'exécutent dans toutes les directions, a été réfléchi sur une plaque de verre, sous une incidence égale à l'angle de polarisation, toutes ces vibrations sont réduites à un plan commun. La direction des vibrations du faisceau polarisé *est parallèle à la surface polarisante.*

438. Supposons qu'un faisceau ainsi polarisé par réflexion à la surface d'une lame de verre tombe sur une seconde lame *sous l'angle de polarisation.* Dans une position de cette dernière lame, le faisceau éprouve son maximum de réflexion. Dans une autre position, le faisceau est *complètement transmis,* il n'y a pas de réflexion. Dans cette expérience, l'angle d'incidence ne change pas, il n'y a de changé que *le côté* ou face du rayon qui frappe la surface réfléchissante.

(¹) L'indice de réfraction du milieu est la tangente de l'angle de polarisation.

439. La réflexion du faisceau polarisé est un maximum lorsque les lignes suivant lesquelles vibrent les particules de l'éther sont *parallèles* à la surface réfléchissante. Le faisceau est complètement transmis lorsque les lignes de vibrations frappent la surface réfléchissante sous une incidence égale à l'angle de polarisation. Alors la réflexion est zéro. En tirant parti de ce fait, on a détruit la réflexion à la première surface d'une lame mince, et les anneaux de Newton ont été rendus incapables de se former, comme il a été dit dans la note 402.

440. Un faisceau qui rencontre la première surface d'une plaque de verre à surfaces parallèles sous l'angle de polarisation rencontre aussi la seconde surface sous son angle de polarisation, et il y est en partie réfléchi complètement polarisé. Voilà pourquoi, lorsqu'on augmente le nombre des plaques, les réflexions répétées à leurs surfaces donnent un faisceau polarisé d'une plus grande intensité que celui qu'on obtient par la réflexion sur une seule surface.

Polarisation de la lumière par réfraction.

441. Jusqu'ici nous avons fixé notre attention sur la portion *réfléchie* du faisceau; mais la portion *réfractée*, qui entre dans le verre, est aussi partiellement polarisée. Les quantités de lumière polarisée dans le faisceau réfléchi et le faisceau réfracté *sont toujours égales entre elles.*

442. Le plan de vibration dans le faisceau réfracté *est perpendiculaire* au plan de vibration dans le faisceau réfléchi.

443. Lorsque plusieurs plaques de verre sont placées parallèlement les unes aux autres, et qu'on fait tomber sur elles un faisceau sous l'angle de polarisation, à chaque passage d'une plaque à une autre, une portion de la lumière est réfléchie polarisée et une portion égale de lumière polarisée entre en même temps dans le verre. En augmentant suffisamment le nombre des plaques, on peut rendre sensiblement *complète* la polarisation par les réfractions successives. Lorsque cela a lieu, si l'on ajoute à la pile des plaques nouvelles, la réflexion *cesse entièrement* à leurs surfaces et le faisceau est ensuite complètement transmis.

Polarisation de la lumière par double réfraction.

444. Dans le cas examiné en dernier lieu, la lumière était polarisée par la réfraction ordinaire. La polarisation de la lumière par double réfraction a été déjà indiquée dans les notes 432 et 433. Nous allons continuer notre examen du cristal de tourmaline dont il y est parlé, et nous nous en servirons pour l'étude des autres cristaux.

445. Si un faisceau lumineux qui a traversé une plaque de tourmaline tombe sur une seconde plaque, il les traverse l'une et l'autre lorsque les axes des deux plaques sont *parallèles*. Mais s'ils sont *perpendiculaires* l'un à l'autre, alors la lumière transmise par une plaque est éteinte par l'autre, et il y a obscurité dans l'espace où les deux plaques sont superposées.

446. Si les deux axes sont obliques l'un à l'autre, une partie de la lumière traverse les deux plaques. Car, comme dans la résolution des forces en Mécanique, une vibration oblique peut se résoudre en deux autres, l'une parallèle à l'axe de la tourmaline, et l'autre perpendiculaire à ce même axe. La dernière est *éteinte*, mais la première est *transmise*.

447. Il suit de là que si les axes de deux plaques de tourmaline sont perpendiculaires entre eux, une troisième plaque de tourmaline introduite *obliquement* entre les deux premières, ou une plaque de tout autre cristal qui agit d'une manière semblable à la tourmaline, transmettra une partie de la lumière qui émerge du premier cristal. Le plan de vibration de cette lumière étant oblique à l'axe de la seconde tourmaline, une partie de la lumière la traversera aussi. Si donc on introduit un troisième cristal avec son axe oblique, on détruit en partie l'obscurité de l'espace où les deux plaques rectangulaires sont superposées.

Examen de la lumière transmise à travers le spath d'Islande.

448. Nous allons maintenant étudier, au moyen d'une plaque de tourmaline, les deux parties dans lesquelles un faisceau

lumineux est partagé dans son passage à travers le spath d'Islande.

449. Si nous fixons notre attention seulement sur l'un des deux faisceaux, nous reconnaîtrons aussitôt que dans une certaine position de la plaque de tourmaline la lumière est librement transmise, et que dans une seconde position perpendiculaire à la première, la lumière est complètement interceptée. Cela prouve que le faisceau qui émerge du spath est polarisé.

450. De la position de la tourmaline on peut conclure immédiatement la direction des vibrations dans le faisceau polarisé. Si la transmission a lieu lorsque la plaque de tourmaline est verticale, les vibrations sont verticales; si la transmission a lieu lorsque la tourmaline est horizontale, les vibrations sont horizontales. Le même mode de recherche nous apprend que le second faisceau qui émerge du spath est aussi polarisé.

451. Les vibrations des particules de l'éther dans les deux faisceaux s'exécutent dans des plans qui sont *perpendiculaires entre eux*. Si les vibrations dans l'un des faisceaux sont verticales, dans l'autre elles sont horizontales. Une plaque de tourmaline dont l'axe est vertical transmet le premier et éteint le dernier; et la même plaque tenue horizontalement éteint le premier et transmet le dernier.

452. Une plaque de tourmaline placée avec son axe vertical devant la lampe électrique, a son image projetée par une lentille sur un écran. Un morceau de spath d'Islande, dont l'un des plans de vibration est horizontal et l'autre vertical, étant placé devant la lentille, partage le faisceau en deux, et donne *deux images* de la tourmaline. L'une de ces images est *brillante*, l'autre est obscure. La raison en est que dans la lumière qui émerge de la tourmaline, les vibrations sont verticales, et qu'elles ne peuvent être transmises à travers le spath qu'avec *son* faisceau vibrant verticalement. Dans le faisceau vibrant horizontalement, la tourmaline doit paraître noire.

453. Elle est encore noire lorsque la lumière qui en émerge et qui l'environne rencontre, sous l'angle de polarisation, une lame de verre dont le plan de réflexion est *vertical;* tandis qu'elle est brillante lorsque la lumière est réfléchie *horizon-*

talement. Ces effets sont des conséquences de la loi de la polarisation par réflexion.

454. Les corps cristallisés n'ont pas seuls cette propriété de la double réfraction et de la polarisation; tous les corps dont le groupement atomique est tel que l'élasticité de l'éther y soit différente dans des sens différents, ont la même propriété.

455. Ainsi les structures organiques sont ordinairement doublement réfringentes. Une structure doublement réfringente peut aussi être communiquée au verre ordinaire par la traction ou la pression. Les tractions et les pressions provenant d'un échauffement inégal, produisent encore la double réfraction. Du verre non recuit se comporte comme un cristal. Si l'on chauffe en un point une lame de verre de vitre ordinaire, qui dans les circonstances ordinaires ne présente pas de traces de double réfraction, il est rendu doublement réfringent par les tractions et les pressions qui se propagent autour du point chauffé. En introduisant l'un de ces corps entre les *plaques croisées* de tourmaline, on fait cesser en partie l'obscurité produite par la superposition des plaques.

456. Deux plaques de tourmaline entre lesquelles des corps peuvent être introduits et examinés par la lumière polarisée, constituent une simple forme du *polariscope*. La plaque dans laquelle entre d'abord la lumière est appelée le *polariseur;* la seconde plaque est appelée l'*analyseur.*

457. Mais les tourmalines sont petites, ordinairement colorées, et ne peuvent jamais donner un faisceau intense de lumière polarisée. Si l'une des parties dans lesquelles un prisme de spath d'Islande partage un faisceau de lumière pouvait être détruite, l'autre partie serait polarisée, et à cause de la transparence du spath, elle serait beaucoup plus intense qu'aucun faisceau qu'on pourrait obtenir par la tourmaline.

458. C'est ce qui a été fait par Nicol avec une grande habileté. Il coupa un long parallélépipède de spath en deux, suivant une section très oblique; il polit les deux surfaces et les unit avec du baume de Canada. La réfrangibilité du baume est intermédiaire entre celles des rayons ordinaire et extraordinaire dans le spath d'Islande; elle est moindre que celle du premier et plus grande que celle du second. Lors donc que l'on fait passer un faisceau lumineux à travers le parallélépipède, le rayon ordinaire, pour entrer dans le baume, doit passer *d'un*

milieu plus dense à un milieu moins dense. A cause de l'obliquité de son incidence, *il éprouve la réflexion totale*, et il est ainsi rejeté de côté. Au contraire, le rayon extraordinaire, en passant du spath dans le baume, passe d'un milieu moins dense dans un milieu plus dense, et il est par conséquent *transmis*. On obtient de cette manière un seul faisceau intense de lumière polarisée. (Lisez les notes 123, 141 et 142.)

459. Un parallélépipède préparé de cette manière s'appelle *prisme de Nicol*.

460. Les prismes de Nicol sont d'un emploi très fréquent dans les expériences sur la polarisation. On construit avec eux les meilleurs polariscopes. On fait aussi des polariscopes réflecteurs, formés de deux lames de verre; et l'une polarise la lumière par réflexion, l'autre sert à examiner la lumière ainsi polarisée. Le faisceau réfléchi par le polariseur est alors réfléchi ou éteint par l'analyseur, suivant que les plans de réflexion des deux miroirs sont parallèles ou perpendiculaires entre eux.

Couleurs des cristaux doublement réfringents dans la lumière polarisée.

461. On peut démontrer et expliquer une classe nombreuse de ces couleurs en examinant les phénomènes produits par des plaques minces de gypse (sulfate de chaux cristallisé, communément appelé sélénite) entre le polariseur et l'analyseur du polariscope.

462. Le cristal se clive avec une grande facilité dans une direction; il se clive moins facilement dans deux autres directions; les deux derniers clivages sont eux-mêmes inégaux. En d'autres termes, le gypse a trois plans de clivage, dont l'un surtout se fait particulièrement remarquer par sa perfection, et dont les deux autres ne sont pas égaux entre eux.

463. En suivant ces trois clivages, il est facile de tirer du cristal des lames taillées en diamant de l'épaisseur que l'on veut.

464. Le cristal, comme on pouvait s'y attendre d'après la nature de ses clivages, est doublement réfringent. Un faisceau de lumière ordinaire tombant perpendiculairement sur une plaque de gypse dont les surfaces sont celles du clivage le

plus parfait, a des vibrations réduites à deux plans perpendiculaires l'un à l'autre; c'est-à-dire que le faisceau dont l'éther, avant d'entrer dans le gypse, vibre transversalement suivant toutes les directions ne vibre plus que suivant deux directions rectangulaires après être entré dans le gypse et après en être sorti.

465. L'élasticité de l'éther est différente dans ces deux directions rectangulaires; conséquemment l'un des faisceaux traverse le gypse plus rapidement que l'autre.

466. En général, dans les corps réfringents, le retard du rayon consiste en une *diminution de la longueur d'onde* de la lumière. La *rapidité des vibrations* n'est pas changée pendant le passage de la lumière à travers le corps réfringent. Le cas est exactement le même que celui d'un son musical transmis de l'eau dans l'air. La vitesse de propagation du son est réduite à un quart dans cette transmission, parce que la longueur d'onde est réduite à un quart. Mais le *degré d'acuité* du son n'est pas changé, parce qu'il dépend du nombre d'ondes qui arrivent à l'oreille en une seconde.

467. A cause de la différence d'élasticité qui existe dans le gypse entre les deux directions rectangulaires des vibrations, les ondes de l'éther *sont plus raccourcies* dans une direction que dans l'autre.

468. Dans les expériences avec une plaque de gypse que nous allons décrire et expliquer, nous nous servirons pour polariseur d'un morceau de spath d'Islande dont un des faisceaux est intercepté par un diaphragme. Un prisme de Nicol sera notre analyseur.

469. Lorsque les plans de vibrations du spath et du Nicol coïncident, la lumière les traverse tous les deux et peut être reçue sur un écran. Lorsque les plans de vibrations sont perpendiculaires entre eux, la lumière qui émerge du spath est interceptée par le Nicol, et l'écran reste obscur.

470. Si l'on place une sélénite entre le polariseur et l'analyseur, de sorte que l'un ou l'autre de ses plans de vibration *coïncide* avec celui du polariseur ou de l'analyseur, elle ne produit pas de changement sur l'écran. Si l'écran est éclairé, il reste éclairé; s'il est obscur, il reste obscur après l'introduction du gypse, qui se comporte alors comme une plaque de verre ordinaire.

471. Supposons que l'écran soit obscur. Si l'on interpose une plaque *épaisse* de gypse dans laquelle les directions des vibrations soient *obliques* à celles du polariseur ou de l'analyseur, il arrive de la lumière à l'écran. Si sa plaque est *mince*, la lumière qui arrive à l'écran est colorée. Si la plaque a une épaisseur uniforme, la lumière est uniforme. Si elle a des épaisseurs différentes, ou si en la clivant il reste des écailles minces collées à sa surface, quelques parties de la plaque seront colorées autrement que le reste.

472. Lorsque l'on emploie des plaques épaisses, les différentes couleurs que donnent les plaques minces sont superposées et recomposent de la lumière blanche.

473. La quantité de lumière qui arrive à l'œil est un maximum lorsque les plans de vibration du gypse forment un angle de 45° avec ceux du polariseur et de l'analyseur.

474. Si la plaque de sélénite est un coin mince, et si la lumière est monochromatique, par exemple si elle est rouge, des bandes alternativement brillantes (rouges) et obscures sont projetées sur l'écran.

475. Si, au lieu de lumière rouge, on emploie de la lumière *bleue*, on trouve que les bandes bleues se produisent par des épaisseurs plus petites que celles qui donnent le rouge; les autres couleurs sont produites par des épaisseurs intermédiaires. Aussi lorsqu'on emploie de la lumière *blanche*, au lieu de bandes brillantes séparées par des bandes obscures, on a une série de bandes irisées.

476. Si, au lieu d'un coin qui augmente graduellement d'épaisseur, on emploie un disque dont l'épaisseur augmente graduellement du centre à la circonférence, à la place d'une série de bandes parallèles, on obtient, dans des circonstances semblables, avec la lumière *blanche*, une série de cercles concentriques irisés.

477. Nous avons donc ici en premier lieu un faisceau de lumière polarisée dans un plan, et qui tombe sur la sélénite. La direction des vibrations de ce faisceau se résout en deux autres perpendiculaires l'une à l'autre; savoir, dans les deux directions suivant lesquelles l'éther vibre dans le cristal. L'un de ces systèmes d'ondes est *en retard* par rapport à l'autre.

478. Mais tant que les rayons vibrent *perpendiculairement*

l'un à l'autre, ils ne peuvent interférer de manière à augmenter ou à diminuer d'intensité. Pour produire cette interférence, les rayons doivent vibrer *dans le même plan.*

479. La fonction de l'analyseur est de ramener à un seul plan les deux systèmes d'ondes rectangulaires. L'effet de retard se fait alors sentir aussitôt, et les ondes sont en concordance ou en discordance entre elles, suivant que leurs vibrations sont *dans la même phase* ou *dans des phases contraires.*

480. Lorsque les plans de vibration du polariseur et de l'analyseur *sont parallèles*, une épaisseur de gypse cristallisé qui produit un retard d'une *demi-ondulation* fait que la lumière est éteinte par l'analyseur.

481. Lorsque le polariseur et l'analyseur sont *croisés*, un retard d'une demi-ondulation ou d'un nombre quelconque de demi-ondulations dans l'intérieur du cristal ne produit pas d'extinction lorsque ces vibrations sont composées par l'analyseur. Un retard d'une ondulation entière, ou d'un nombre quelconque d'ondulations entières, produit dans ce cas une extinction. Cela est une conséquence évidente de la composition des vibrations.

482. Exprimés généralement, les phénomènes produits par le polariseur et l'analyseur parallèles et croisés sont *complémentaires.* Si le champ est obscur lorsqu'ils sont croisés, il est brillant lorsqu'ils sont parallèles. Si le champ est vert lorsqu'ils sont croisés, il est rouge lorsqu'ils sont parallèles; s'il est jaune lorsqu'ils sont croisés, il est bleu lorsqu'ils sont parallèles. Ainsi une rotation de 90° amène toujours la couleur complémentaire.

483. Si au lieu du Nicol on emploie un prisme biréfringent de spath d'Islande, les couleurs de la sélénite produite par les deux faisceaux polarisés en sens contraire seront complémentaires. L'empiètement des deux couleurs produit toujours du *blanc.* Toute autre substance doublement réfringente, qu'elle soit cristallisée ou organique, ou soumise à une pression ou à une traction mécanique, présente, lorsqu'on l'examine à la lumière polarisée, des phénomènes semblables à ceux du gypse.

484. Un faisceau ordinaire de lumière est équivalent dans tous ses effets à deux faisceaux qui vibrent dans des plans rectangulaires. Comme deux faisceaux semblables ne peuvent

interférer, on ne peut plus avoir les couleurs de la sélénite à la lumière ordinaire.

Anneaux environnant les axes des cristaux dans la lumière polarisée.

485. Un pinceau de rayons qui traverse un spath d'Islande dans le sens de son axe n'éprouve pas de division; mais s'il est incliné à l'axe, si légèrement que ce soit, le pinceau se partage en deux, qui vibrent dans des plans rectangulaires, et dont l'un est en retard sur l'autre.

486. Si la lumière incidente est polarisée, en sortant du spath, obliquement à l'axe, elle est dans la même condition que la lumière qui émerge de la plaque de gypse dont il a déjà été parlé. Lorsque les deux vibrations rectangulaires, qui ont traversé le même éther, sont réduites au même plan par l'analyseur, il y a interférence; les deux rayons sont en concordance ou en discordance.

487. Leur concordance ou leur discordance dépend de la quantité dont ils sont en retard l'un par rapport à l'autre, et ce retard dépend lui-même de l'épaisseur du spath traversé par les deux rayons. S'ils sont d'accord à une certaine épaisseur, ils le seront encore à une épaisseur double, triple, etc. Les épaisseurs auxquelles les rayons marchent d'accord sont séparées par d'autres où ils sont en désaccord.

488. Avec un faisceau conique dont le rayon central passe dans *le sens* de l'axe, les effets sont symétriques tout autour de l'axe; et lorsque le cristal, éclairé par un pareil faisceau est observé dans une lumière monochromatique polarisée, on a une série de cercles brillants et obscurs qui environnent l'axe.

489. Lorsque la lumière est rouge, les cercles sont plus grands que lorsque la lumière est bleue; plus les longueurs d'onde sont petites, plus les cercles sont petits. Voilà pourquoi, puisque les différentes couleurs ne sont pas superposées, lorsqu'on emploie de la lumière *blanche*, au lieu de bandes alternativement brillantes et obscures, on a une série de *cercles irisés*.

Lorsque le polariseur et l'analyseur sont croisés, le système de franges est coupé par une *croix noire*, dont les bras sont parallèles aux plans de vibration dans le polariseur et l'analyseur. Les rayons dont les plans de vibration dans le cristal coïncident avec les plans du polariseur ou de l'analyseur, *ne peuvent passer ni l'un ni l'autre*, et leur extinction complète forme les deux bras de la croix. Les rayons dont les plans de vibration forment un angle de 45° avec celui du polariseur ou de l'analyseur, produisent l'effet le plus grand lorsqu'ils marchent d'accord. A cette inclinaison les anneaux brillants ont leur maximum d'éclat; à droite et à gauche, à partir de cette inclinaison, ils deviennent plus faibles, jusqu'à ce qu'enfin ils se fondent dans l'obscurité de la croix.

490. Une rotation de 90° amène ici, comme dans d'autres cas, des phénomènes complémentaires : la croix noire devient blanche, et les cercles se teintent en couleurs complémentaires.

491. Dans les cristaux à deux axes optiques, une série de bandes irisées environne les deux axes, et chaque bande forme une courbe que Bernoulli, qui l'a découverte, a appelée *lemniscate*.

Polarisation elliptique et circulaire.

492. Deux rayons lumineux qui vibrent *dans des sens perpendiculaires l'un à l'autre*, quel que soit le retard de l'un des systèmes de vibrations par rapport à l'autre, ne peuvent pas, comme on l'a déjà dit, interférer entre eux de manière à produire une augmentation ou une diminution de la lumière.

493. Mais quoique l'*intensité* ne soit pas changée, les rayons agissent l'un sur l'autre. Si l'un deux diffère de l'autre d'un nombre juste de demi-ondulations, les deux rayons sont composés en une seule vibration *rectiligne*. Dans tous les autres cas, la vibration résultante est *elliptique;* dans un cas particulier, l'ellipse dans laquelle se meuvent les particules individuelles de l'éther devient un *cercle*. Ceci a lieu lorsque l'un des systèmes d'ondes est d'un quart juste d'ondulation en avance sur l'autre; on a alors la *polarisation circulaire*.

494. Cette composition d'une vibration dans l'éther est mécaniquement la même que la composition des oscillations d'un pendule ordinaire, ou que la composition des vibrations de deux diapasons rectangulaires par la méthode de Lissajous (¹).

(¹) *Voyez* les *Lectures sur le son*, 1re éd., p. 307.

495. La polarisation elliptique est la *règle* et non *l'exception*. Elle se manifeste particulièrement dans la réflexion sur métaux, ou sur les corps transparents qui ont un grand indice de réfraction. Jamin l'a découverte dans la lumière réfléchie par tous les corps.

Polarisation rotatoire.

496. Un rayon polarisé de lumière monochromatique, comme on l'a déjà dit, n'éprouve pas de changement en traversant un spath d'Islande dans le sens de l'axe optique.

497. Mais s'il traverse le *cristal de roche* (quartz) suivant la direction de l'axe optique, le cristal fait tourner son plan de vibration. Supposons que le polariseur et l'analyseur du polariscope soient croisés de manière à produire une obscurité parfaite avant que le cristal ait été introduit entre eux, lorsqu'on l'aura introduit la lumière passera, et pour éteindre la lumière il faudra faire tourner l'analyseur et l'amener dans une nouvelle position. L'angle parcouru par l'analyseur en tournant mesure *la rotation du plan de vibration*.

498. Certains échantillons de cristal de roche font tourner le plan de vibration à droite, d'autres le font tourner à gauche. Les premiers sont appelés cristaux *dextrogyres*, les seconds cristaux *lévogyres*. Sir John Herschel a fait voir la connexion de cette différence optique avec une différence visible dans la forme cristalline.

499. Dans la célèbre expérience de Faraday avec un barreau de verre pesant, un aimant ou un courant électrique font tourner le plan de vibration; le sens de la rotation dépend toujours du pôle de l'aimant ou du sens du courant.

500. La question de la polarisation rotatoire a été étudiée avec un grand soin et d'une manière complète par Biot; il a établi à son sujet certaines lois dont deux peuvent être énoncées ici.

I. La grandeur de la rotation est proportionnelle à l'épaisseur de la plaque de cristal de roche.

II. La rotation du plan de vibration est différente pour les différents rayons du spectre; elle augmente avec la réfrangibilité de la lumière.

Ainsi, avec une plaque de cristal de roche d'un millimètre d'épaisseur, il a obtenu les rotations suivantes pour les rayons moyens des couleurs respectives du spectre :

Rouge,	19°.	Vert,	28°.	Indigo,	36°.
Orangé,	21°.	Bleu,	32°.	Violet,	41°.
Jaune,	23°.				

Avec une plaque de *deux* millimètres d'épaisseur, la rotation pour le rouge est de 38° et pour le violet de 82°.

501. Donc, puisque les rayons de couleurs différentes émergent du cristal de roche en vibrant dans des plans différents, lorsqu'une lumière ainsi composée tombe sur l'analyseur, il *transmettra* seulement la couleur dont le plan de vibration coïncide avec le sien. En faisant tourner l'analyseur, on fait passer successivement les autres couleurs.

502. Les phénomènes de polarisation rotatoire sont produits par l'interférence de deux *pinceaux circulaires polarisés* de lumière, qui se propagent suivant l'axe avec des vitesses inégales, l'un tournant de gauche à droite, l'autre tournant en sens contraire ([1]).

([1]) *Voyez* Lloyd, *Théorie des ondulations*, p. 199, etc.

CONCLUSION.

J'ai tâché dans ces lectures de vous exposer les idées admises aujourd'hui par tous les penseurs éminents sur la nature de la lumière. J'ai tâché de rendre aussi claire que possible cette théorie hardie d'après laquelle l'espace est rempli par une substance élastique capable de transmettre les mouvements de la lumière et de la chaleur. Considérez combien il est impossible d'échapper à cette théorie ou à quelque autre semblable, d'éviter d'attribuer à la lumière, dans l'espace, *une base matérielle*. Il faut environ huit minutes à la lumière et la chaleur solaires pour venir du soleil à la terre. Imaginons une portion de l'espace interposé, par exemple un mille cube, occupé par de la lumière et de la chaleur. Demandons-nous ce qu'elles seraient. Nous chercherions d'abord à résoudre cette question : *Que peuvent-elles faire ?* Nous ne connaissons les choses que par leurs *effets*. Quels sont donc les effets que peut produire ce mille cube de lumière et de chaleur ? Sur la terre, lorsque nous opérons sur elles, nous les trouvons capables de produire du *mouvement*. Nous pouvons soulever des poids avec elles ; nous pouvons faire tourner des roues avec elles ; nous pouvons avec elles faire marcher des locomotives ; nous pouvons lancer des projectiles avec elles. Quelle conclusion pouvons-nous tirer de là, sinon que la lumière et la chaleur qui produisent ainsi du mouvement *sont elles-mêmes des mouvements* (¹).

Notre mille cube d'espace est donc le véhicule du mouvement pendant un temps mesurable. Mais est-il possible à l'esprit humain d'imaginer du mouvement sans concevoir en même temps quelque chose qui soit mis en mouvement ? Assurément

(¹) Sir William Thomson a essayé de calculer « la valeur mécanique d'un mille cube de lumière. »

non. L'idée seule de mouvement implique nécessairement l'idée d'un corps mobile. Quelle est donc la chose qui se meut dans le cas de notre mille cube de lumière solaire ? La théorie des ondulations répond que c'est une substance qui a des propriétés mécaniques déterminées, un corps qui peut avoir ou n'avoir pas la forme de la matière ordinaire, mais auquel, qu'il ait cette forme ou qu'il ne l'ait pas, nous donnons le nom d'*éther*. Ne souffrons pas de vague ici; car le plus mauvais service qu'on puisse rendre à la science, le moyen le plus sûr de donner une longue existence à l'erreur, c'est d'exposer des théories scientifiques en termes vagues. Le mouvement de l'éther communiqué à des substances matérielles les met en mouvement. Il est donc lui-même *une substance matérielle*, car nous n'avons pas connaissance que, dans la nature, autre chose qu'une substance matérielle puisse mettre en mouvement d'autres substances matérielles. Deux modes de mouvement sont possibles à l'éther. Ou il est lancé à travers l'espace comme un *projectile*, ou il est le véhicule d'un *mouvement ondulatoire*. La théorie des projectiles, quoique énoncée par Newton et soutenue par des hommes tels que Laplace, Biot, Brewster et Malus, est définitivement renversée. Il faut donc que nous revenions à un mouvement ondulatoire, d'une espèce ou d'une autre. Mais comment la théorie des ondulations explique-t-elle les phénomènes ? Dans la plus grande partie de ces leçons nous avons répondu à cette question. Les cas qui vous ont été présentés sont *représentatifs*. On peut invoquer en leur faveur des milliers de faits qui confirment chacun d'eux, et aucun de ces faits n'est laissé sans explication par la théorie ondulatoire. Elle explique tous les phénomènes de la réflexion ; tous les phénomènes de la réfraction, simple et double; tous les phénomènes de la diffraction; les couleurs des plaques épaisses et des lames minces, de même que les couleurs de tous les corps naturels. Elle explique tous les phénomènes de la polarisation; toutes ces propriétés merveilleuses, ces splendeurs chromatiques présentées par les cristaux dans la lumière polarisée. Des milliers de faits particuliers peuvent être rangés sous chacun de ces titres; la théorie ondulatoire les explique tous. Elle éclaire les pas à travers ce qui, sans son secours, serait le fouillis le plus inextricable de phénomènes, dans lequel la pensée humaine puisse être emprisonnée. C'est pourquoi la plupart des hommes de notre époque ont accepté l'éther, non comme une vague chimère, mais comme une entité réelle, une substance douée *d'inertie*, et capable, suivant les lois établies du mouvement, de communiquer ses frémissements à d'autres substances. S'il est une conception plus solidement fixée qu'une autre dans l'esprit des savants modernes, c'est celle de la chaleur comme mode de mouvement. Demandez-vous comment l'immense quantité d'énergie mécanique actuellement transmise sous la forme de la chaleur, arrive du soleil à la terre. De la *matière* doit en être le véhicule, et d'après la théorie cette matière est l'éther lumineux.

Thomas Young n'a jamais vu de ses yeux les ondulations du son; mais il avait la force de l'imagination pour se les figurer et l'intelligence pour les discuter. Et de la discussion des ondulations de l'air qu'il ne voyait pas, il s'est élevé à celle des ondes de l'éther qu'il ne voyait pas davantage; sa foi dans les unes était peu, ou même n'était pas du tout inférieure à sa foi dans les autres. Une de ses expressions prouvera la netteté parfaite de ses idées. Pour expliquer l'aberration de la lumière, il pensait qu'il fallait admettre que l'éther qui environne la terre ne partage pas le mouvement de notre planète à travers l'espace. Il disait : « L'éther passe à travers la masse solide de la terre, comme le vent passe à travers une allée d'arbres. » L'inutilité de cette supposition hardie a été démontrée par le professeur Stokes, qui prouve qu'en attribuant à l'éther des propriétés analogues à celles d'un corps solide élastique, on expliquerait l'aberration sans supposer que la terre soit ainsi perméable. Stokes croit à l'éther aussi fermement que Young lui-même.

Je puis ajouter que l'un des plus habiles expérimentateurs de France, M. Fizeau, qui est aussi membre de l'Institut, a entrepris, il y quelques années, de déterminer si un corps en mouvement entraîne l'éther avec lui. Sa conclusion est qu'*une partie de l'éther* adhère aux molécules du corps et que celles-ci le transportent avec elles. Cette conclusion peut être ou n'être pas exacte; mais le seul fait que de pareilles expériences ont été entreprises par un homme de cette valeur prouve clairement que cette idée d'un éther est adoptée par les savants les plus éminents de notre temps.

Mais si j'ai tâché de vous exposer avec le plus de clarté possible la base de la théorie ondulatoire, ai-je voulu vous cacher les objections qui pourraient s'élever contre son exactitude? Loin de là. Vous pouvez dire et vous aurez raison, qu'il y a cent ans une autre théorie était acceptée par les savants les plus éminents, et que comme cette théorie a été abandonnée, la théorie ondulatoire pourrait bien être abandonnée à son tour. Cela est très logique. A l'époque de Newton, ou même de notre temps, on pouvait également raisonner ainsi : le grand Ptolémée, et nombre de grands hommes après lui, ont cru que la terre était le centre du système solaire. La théorie de Ptolémée est tombée, et la théorie de la gravitation peut aussi tomber à son tour. Ce raisonnement est aussi logique que le précédent. Ce qui fait la force de la théorie de la gravitation, c'est qu'elle peut expliquer tous les phénomènes du système solaire; et ceux-là comprennent toute la solidité de cette théorie qui ont entendu, dans cette salle, l'exposé lucide fait par le professeur Grant, de tout ce qu'elle explique. La théorie des ondulations de la lumière repose sur une base exactement semblable; seulement les phénomènes qu'elle explique sont beaucoup plus variés et plus complexes que les phénomènes de la gravitation. Vous regardez avec juste raison la découverte de Neptune comme le triomphe de la théorie. Guidés par elle, Adams et Le Verrier ont calculé la position d'une masse planétaire capable de produire les perturbations d'Uranus. Le Verrier communiqua le résultat de ses calculs à Galle de Berlin. La nuit venue, Galle pointa le télescope de l'Observatoire de Berlin sur le lieu du ciel indiqué par Le Verrier, et il y trouva une planète de 36,000 milles de diamètre.

Il est arrivé de même que la théorie ondulatoire a aussi son Neptune. Fresnel a déterminé l'expression mathématique de la surface des ondes dans les cristaux à deux axes optiques; mais il ne paraît pas avoir eu une idée d'une réfraction dans ces cristaux autre que la double réfraction. Tandis que la question en était à ce point, sir William Hamilton, de Dublin, mathématicien profond, la reprit et prouva que la théorie conduisait à cette conclusion qu'à quatre points spéciaux de la surface de l'onde, le rayon était partagé non pas en *deux* parties, mais en *un nombre infini de parties*, formant en ces points une enveloppe conique au lieu de deux images. Aucun œil humain n'avait jamais vu cette enveloppe, lorsque sir William Hamilton fut conduit par ses calculs à en annoncer l'existence. Si la théorie de la gravitation est vraie, disait Le Verrier au docteur Galle, une planète doit être là; si la théorie de l'ondulation est vraie, dit à son tour sir William Hamilton au docteur Lloyd, mon enveloppe lumineuse doit être là. Lloyd prit un cristal d'arragonite, et suivant avec la plus scrupuleuse exactitude les indications de la théorie, il découvrit l'enveloppe qui avait été d'abord une idée dans l'esprit du mathématicien. Quelle que puisse être la force que la théorie de la gravitation tire de la découverte de Neptune, elle est effacée par la force que la théorie ondulatoire tire de la découverte de la *réfraction conique*.

NOTE.

Je recommande fortement la lecture de l'*Essai sur la lumière*, publié dans les *Lectures particulières sur les questions scientifiques*, par sir John HERSCHEL.

J. T.

SUR LE

ROLE SCIENTIFIQUE DE L'IMAGINATION (1).

Enfin, l'investigation physique, en outre de ces nombreux avantages, nous apprend la valeur actuelle et le bon emploi de l'imagination, de cette faculté merveilleuse qui, si on l'abandonne à elle-même, sans contrôle aucun, nous emporte égarés dons une forêt de perplexités et d'erreurs, dans des régions de brouillards et d'ombre; mais qui, contrôlée convenablement par l'expérience et la réflexion, devient le plus noble attribut de l'homme, la source du génie poétique, l'instrument des découvertes de la Science, sans l'aide de laquelle Newton n'aurait jamais inventé les fluxions; Davy n'aurait pas décomposé les terres et les alcalis; Christophe Colomb n'aurait pas découvert d'autres continents. (Discours adressé à la Société Royale, par son président, sir Benjamie Brodie, 30 novembre 1859).

J'ai porté avec moi, aux Alpes, cette année, le lourd fardeau du travail de cette soirée. Dans le champ de recherches nouvelles, je n'avais rien d'assez complet pour le développer devant vous; de sorte que je me trouvais réduit à me rabattre sur le dépôt encore présent dans les profondeurs du sentiment intime, de puiser à ces résidus pour filer et tisser la trame de ce discours. En dehors de la mémoire, je ne suis directement aidé par rien sur les montagnes; mais pour stimuler les émotions, qui ont dans la vie si grande influence, comme aussi pour nourrir indirectement mon intelligence et ma volonté, j'avais

(1) Discours prononcé en présence de l'Association britannique pour l'avancement des sciences à Liverpool, le 16 septembre 1870).

pris avec moi deux volumes de poésie, la *Théorie des couleurs*, de Gœthe, et le *Livre sur la Logique*, récemment publié par M. Alexandre Bain. L'aiguillon, je suis désolé de le dire, est resté impuisant contre l'enveloppe d'engourdissement qu'il avait à percer. Dans Gœthe, si glorieux d'ailleurs, je remarquai principalement les torts que se fait à lui-même l'homme de génie, qui s'obstine à se briser en vain contre la philosophie de Newton. Pour un temps assez long, M. Bain devint mon principal compagnon de voyage. Je le trouvais instruit et pratique, brillant généralement d'une lumière terne, mais lançant de temps en temps des éclairs d'émotions fortes, qui prouvaient que les logiciens participent au feu commun de l'humanité. Il m'intéressa davantage, lorsqu'il fut devenu le miroir de l'état intérieur de mon âme. Il n'est bon pour l'homme, ni intellectuellement, ni socialement, de rester seul, et les douleurs de la pensée sont plus patiemment supportées lorsqu'on trouve qu'elles ont été éprouvées par un autre. De certains passages de son livre, je puis conclure que M. Bain n'est pas resté étranger à cette sorte de douleur. Prenez par exemple ce passage : parlant du flux et du reflux de la force intellectuelle, que tous subissent de temps en temps, M. Bain dit : « L'incertitude du moment où sonnera de nouveau l'heure de la découverte, apporte avec elle la souffrance de la lutte et de la faiblesse d'indécision. » Ces mots portent en eux le cachet d'une expérience personnelle. L'action du chercheur est périodique. Il entre en prise avec un sujet de recherches, lutte avec lui, le surmonte, l'épuise, mais en s'épuisant aussi lui-même pour un certain temps. Il respire un instant, et recommence la lutte sur un autre champ de bataille. Mais cette phase de halte entre deux recherches n'est pas toujours une phase de pur repos. Elle est trop souvent une période de doute, de découragement, de tristesse et d'ennui. L'incertitude de l'instant où s'ouvrira une ère nouvelle de découvertes, apporte avec elle le tourment de la lutte et de la faiblesse d'indécision. Telle était précisément la disposition de mon esprit dans les Alpes cette année; les quelques mots de M. Bain étaient le diagnostic fidèle de l'état de mon âme; et ce fut sous l'influence de ces fâcheuses circonstances que j'eus à m'équiper pour l'heure et l'épreuve arrivées aujourd'hui.

Avec quelle joie j'aurais vu le devoir que j'ai à remplir

passer en d'autres mains! mais je ne pouvais en aucune manière le récuser. La déloyauté serait un mal plus grand qu'un échec. D'une manière ou d'une autre, faiblement ou fortement, lâchement ou vaillamment, sur les niveaux les plus élevés de la pensée ou sur les lieux communs de la médiocrité, la tâche doit être accomplie. Je cherchai du regard dans diverses directions secours et appui; mais, pour un temps assez long, je ne vis au dehors de moi que des antres creux, au dedans de moi que des déserts arides. Mon état ressemblait à celui du médecin malade qui a oublié son art, et qui a tristement besoin des ordonnances d'un ami. M. Bain en écrivit une pour moi. Il a dit : « Vos connaissances actuelles doivent former les anneaux de la chaine d'union entre ce qui est déjà achevé et ce qu'il s'agit maintenant de rechercher. » Par ces paroles il m'avertissait de passer en revue le passé, et d'y puiser les extrémités rompues de recherches futures. Je vais essayer de le faire. Avant de partir pour la Suisse, j'avais beaucoup réfléchi sur la lumière et la chaleur, sur le magnétisme et l'électricité, sur les germes organiques, les atomes, les molécules, la génération spontanée, les comètes et le firmament. Entre l'un ou l'autre de ces sujets, je cherchai à former une alliance nouvelle, et je réussis de fait à établir une sorte de cohésion entre la pensée et la Lumière. Je sentis naître et grandir en moi le désir de tracer au sein de mon être, et de vous mettre à même de tracer au sein de votre être quelques-unes des opérations les plus occultes de cet agent. Je voudrais, s'il est possible, vous entraîner derrière la scène trop limitée des sens, et vous montrer le mécanisme de l'action optique. Car il me semble que c'est chose très digne et très méritoire pour le professeur de science, que de se donner quelque peine, et même beaucoup de peine, pour faire de ceux auxquels il s'adresse les associés de ses pensées. En premier lieu, délivrer son esprit de toute obscurité et de tout vague; en second lieu, exprimer dans un langage qui ne laisse aucun mépris sur sa propre pensée, qui mette à nu même les erreurs, comme les idées nettes et définies qu'il s'est formées. Un grand avenir est réservé, je le crois, à l'exposition scientifique conduite dans cette voie. J'ajoute même qu'il est possible, en présence d'un auditoire comme celui-ci, de soulever jusqu'à un certain point le voile qui couvre les choses cachées de la nature, et de donner ainsi, non seulement aux étudiants de profession, mais à tous, avec les ménagements, l'adresse, l'habileté nécessaire, l'intelligence agréable des opérations de la science. Il faudra du temps et du travail pour obtenir ce résultat, mais aussi combien la science gagnera à la sympathie publique ainsi créée!

Comment ces choses cachées pourront-elles être révélées? Comment, par exemple, pourrons-nous saisir la base physique de la Lumière, puisque, comme la base de la vie elle-même, elle est tout entière en dehors du domaine de nos sens? Les physiciens peuvent avoir raison, quand ils affirment que nous ne pouvons pas dépasser les limites de l'expérience. Mais, du moins, à tout événement, nous pouvons conduire l'expérience bien loin de son origine. Nous pouvons ainsi amplifier, diminuer, qualifier et combiner les expériences de manière à leur donner une portée entièrement nouvelle. Nous sommes doués de la puissance de l'imagination comprenant les deux facultés que les Allemands désignent des noms *Anschauungsgabe* (intuition) et *Einbildungskraft* (imagination proprement dite); et aidés de cette puissance, nous pouvons percer l'obscurité qui enveloppe le monde des sens. Il est des *tories* (des aristocrates) même dans la science, qui regardent l'imagination comme une faculté à redouter, qu'il faut éviter plutôt que de s'en servir. Ils ont observé son action dans des vases à parois trop faibles, et ils ont été effrayés, sans raison, de ses désastres. Ils pourraient avec une égale justice invoquer contre l'emploi de la vapeur les générateurs qui font explosion. Limitée et guidée par une raison forte, l'imagination devient le plus puissant instrument des découvertes physiques. Le passage de Newton d'une pomme qui tombe sur la terre à la lune qui tombe vers le soleil, à son origine, était un trait de l'imagination. Lorsque William Thomson essaya de placer les dernières parties de la matière entre les pointes d'un compas, et de leur appliquer une échelle divisée en millimètres, il fut puissamment aidé par l'imagination. Et dans beaucoup de ce qui a été dit récemment sur les origines des êtres et la vie, nous trouvons encore des élans de l'imagination, guidés et contrôlés par les analogies connues de la science. De fait, sans cette faculté, notre connaissance de la nature serait une pure classification de coexistences et de conséquences. Nous pouvons croire à la succession indéfinie du jour et de la nuit, de l'été et de l'hiver; mais l'âme de la force sera un jour délogée de notre univers; les relations de cause à effet disparaîtront, et avec elles la science qui réunit actuellement toutes les parties de la nature dans un tout organique.

Je serai heureux de pouvoir mettre en évidence par quelques exemples très simples l'usage que des savants ont déjà fait de cette puissance de l'imagination, et d'indiquer ensuite quelques-uns des emplois futurs qu'ils en feront probablement. Commençons par des expériences rudimentaires; observez la chute de grosses gouttes de pluie sur un bassin d'eau tranquille. Chaque goutte, à l'instant où elle frappe l'eau, devient un centre de perturbation d'où s'étend au dehors une série de rides circulaires. La gravité et l'inertie sont les agents producteurs de ce mouvement ondulatoire; et il suffira d'une expérience grossière pour montrer que la vitesse de propagation n'est pas plus d'un pied par seconde.

Une série de chocs mécaniques se fait sentir à tout corps plongé dans l'eau, aussi souvent que les ondes circulaires l'atteignent successivement; en outre, un mouvement plus délicat naît en même temps et se propage à son tour. Si nous avions la tête et les oreilles plongées dans l'eau, comme dans une expérience de Franklin, le choc de la goutte se communiquerait au nerf acoustique, et nous entendrions le tic-tac de la goutte. Or, cette impulsion sonore se propage non plus avec la vitesse d'un pied, mais avec la vitesse de 4,700 pieds par seconde. Dans ce cas, ce n'est pas la *gravité*, mais l'*élasticité* de l'eau qui est la force agissante. Chaque particule liquide frappe contre sa voisine, lui communique son mouvement avec une rapidité extrême, et l'impulsion se propage comme le trille d'un chanteur. L'incompressibilité de l'eau, mise en évidence par la fameuse expérience de Florence, est la mesure de son élasticité, c'est à la possession, à un si haut degré, de cette propriété, que la transmission rapide d'une pulsation sonore doit être attribuée. Mais l'eau, comme vous le savez, n'est pas nécessaire à la conduction du son; l'air est son véhicule le plus ordinaire. Et vous savez aussi que lorsque l'air a la densité et l'élasticité qui correspondent à la température de la congélation de l'eau, la vitesse du son dans son sein est de 1,090 pieds par seconde. Elle est à peu près le quart de la vitesse du son dans l'eau : la raison de cette différence est que, quoique le poids plus grand de l'eau tende à diminuer la vitesse du son, l'élasticité moléculaire énorme du liquide supplée surabondamment au désavantage du poids. Nous pouvons par diverses dispositions forcer les vibrations de l'air à se révéler elles-mêmes : nous connaissons la longueur et la fréquence des ondes sonores; nous sommes aussi passés maîtres dans l'art de mettre de mille manières l'air en vibration.

Nous connaissons les phénomènes et les lois des vibrations des verges vibrantes, des tuyaux d'orgue, des cordes, des membranes, des plaques et des timbres ou cloches. Nous savons annuler un son par un autre. Nous connaissons la signification physique de la musique et du bruit, de l'harmonie et des discordances. En un mot, relativement au son, nous avons une notion claire du mécanisme physique extérieur qui correspond à nos sensations.

Dans les phénomènes du son nous faisons un très petit chemin au delà de l'expérience manifestement sensible. Cependant l'imagination ne laisse pas que de s'exercer quelque peu. L'œil matériel, par exemple, ne peut pas voir les condensations et les raréfactions des ondes sonores. Nous les construisons dans la pensée, et nous croyons aussi fermement à leur existence qu'à celle de l'air lui-même. Mais voici que notre expérience va se transporter dans une région nouvelle où elle aura à faire un nouvel usage de l'imagination. Après nous être rendus maîtres de la cause et du mécanisme du son, il est juste que nous désirions connaître la cause et le mécanisme de la lumière. Nous aspirons à étendre au nerf optique nos recherches sur le nerf acoustique. Or, il est dans l'intérêt humain un pouvoir d'expansion, je pourrais presque l'appeler *pouvoir créateur*, dont le premier exercice est de couver en quelque sorte les faits; c'est la vieille légende de l'esprit qui couvait le chaos. Dans le cas qui nous occupe, il s'est manifesté lui-même en reportant à l'espace, dans le but de se faire une idée de la lumière, la forme convenablement modifiée du mécanisme du son. Nous connaissons intimement la cause dont dépend la vitesse du son. Quand nous diminuons la densité d'un milieu en maintenant son élasticité constante, nous augmentons la vitesse. Si nous élevons l'élasticité en gardant la densité constante, nous accroissons encore la vitesse. Une petite densité, par conséquent, et une grande élasticité sont les deux choses nécessaires à une propagation rapide. Cela posé, on sait que la lumière se meut avec l'étonnante vitesse de 185,000 milles par seconde. Comment une semblable vitesse peut-elle être obtenue? En diffusant hardiment dans l'espace un milieu de la ténuité et de l'élasticité requises. Permettez-moi de prendre pour point de départ l'existence d'un semblable milieu, et de le doter de deux autres qualités nécessaires; permettez-moi de le manier en conformité avec les lois de la mécanique; de donner à chacun des pas de notre déduction, la sûreté du syllogisme; de le ramener ainsi avec nous du monde de l'imagination jusqu'au monde des sens; et de voir si les conclusions dernières de la déduction ne seront pas les phénomènes véritables de la lumière, tels qu'ils nous ont été révélés par la science classique et l'expérience la plus habile. Si dans cette variété si multiple de phénomènes, y compris ceux dont la description est la plus insaisissable et la plus embrouillée, cette conception fondamentale nous met toujours face à face avec la vérité; s'il n'existe aucune contradiction entre les déductions que nous en tirerons et la nature extérieure; si, au contraire, nous constatons de tous les côtés accord et vérification; si, de plus, comme dans le cas de la réfraction conique et dans plusieurs autres, elle a de fait appelé notre attention sur des phénomènes qu'aucun œil humain n'avait encore vus, qu'aucun esprit n'avait pu imaginer; cette conception, qui ne nous a jamais mis en défaut, qui, au contraire, nous a toujours conduits aux solides rivages des faits, doit, il me semble, être autre chose qu'une pure fiction de la fantaisie scientifique. Une fois formée, cette unité composée et créative, dans laquelle la raison et l'imagination sont étroitement unies, nous a, je le crois, introduits dans un monde non moins réel que le monde des sens, et dont le monde des sens a été lui-même la suggestion et la justification.

Loin de moi cependant le désir de vous immobiliser dans cette conception théorique ou dans toute autre. Quelle que soit la croyance que vous ayez en elle, il est toujours bon que la théorie conserve quelque plasticité et puisse être modifiée. Vous pouvez même admettre que, quoique les phénomènes se passent comme si ce milieu existait, la démonstration absolue de son existence manque encore. Loin de moi de vouloir refuser à ce raisonnement la valeur qu'il peut loyalement réclamer; cependant, permettez qu'à l'aide de l'analogie je me demande ce qu'il vaut réellement. Vous croyez que dans la société vous êtes entourés de créatures raisonnables semblables à vous; vous êtes peut-être aussi convaincus de ce fait que de tout autre. Quelle garantie avez-vous de la vérité de vos convictions? Simplement et seulement ceci : vos compagnons d'existence se conduisent comme s'ils étaient raisonnables; l'hypothèse, car ce n'est rien de plus, rend compte du fait. Pour prendre un exemple plus saillant encore : vous croyez que notre président est une créature raisonnable. Comment? Il n'est aucune méthode de superposition connue, par laquelle un de nous puisse se superposer intellectuellement à un autre, de manière à démontrer qu'il y a coïncidence relativement à la possession de la raison. Si, par conséquent, vous tenez votre président pour raisonnable, c'est parce qu'il se conduit comme s'il était raisonnable. Comme dans le cas de l'éther, au delà de ce *comme si*, nous ne pouvons faire aucun pas. Il y a plus! Je ne serais pas surpris qu'une comparaison rigoureuse des données sur lesquelles les deux inductions reposent, amenât plus d'une personne respectable à conclure que les meilleurs arguments sont en faveur de l'éther.

Ce milieu universel, cet éther lumineux, comme on l'appelle, est le véhicule et non la source, l'origine du mouvement ondulatoire. Il reçoit et transmet, mais il ne crée point. D'où dérive ce mouvement qu'il conduit? Pour la plus grande partie, des corps lumineux. Par ce mouvement d'un corps lumineux, je n'entends pas son mouvement ou déplacement sensible, comme le tremblement d'un chandelle, ou l'essor des protubérances rouges s'échappant du limbe du soleil. J'entends un mouvement intestin des atomes ou molécules du corps lumineux. Mais ici une certaine réserve est nécessaire. Plusieurs chimistes du jour se refusent à parler d'atomes et de molécules comme d'entités réelles. Leur prudence les conduit à les tenir en garde contre la théorie atomique claire, tranchante, mécaniquement intelligible, énoncée par Dalton, ou contre toute autre forme de cette théorie; et à faire de la doctrine des proportions multiples leur borne intellectuelle. Je respecte cette prudence, quoique, à mon sens, elle soit ici mal placée. Les chimistes qui reculent devant ces notions d'atomes et de molécules acceptent sans hésitation la théorie ondulatoire de la lumière. Comme vous et moi, chacun d'eux et tous croient à un éther et à ses ondes génératrices de la lumière. Considérons un instant ce que cette croyance implique. Mettez de nouveau votre imagination en jeu, et figurez-vous une série d'ondes sonores passant à travers l'air. Suivez-les jusqu'à leur origine; qu'y trouvez-vous? un corps défini, tangible et vibrant : ce peut être la corde vocale d'un gosier humain; ce peut être un tuyau d'orgue ou ce peut être une corde tendue. Suivez de la même manière jusqu'à leur source une série d'ondes éthérées; rappelez-vous en même temps que l'éther est matière, dense, élastique, capable de mouvement soumis à des lois mécaniques et déterminé par elles. Que pouvez-vous attendre à trouver comme source de cette série d'ondulations de l'éther? Demandez à votre imagination si elle consent à accepter pour cette source une proportion multiple vibrante; un rapport numérique dans l'état de l'oscillation. Je ne crois pas qu'elle le veuille! Vous ne pouvez pas couronner l'édifice par une abstraction. L'imagination scientifique demande comme origine et cause des ondes lumineuses une particule de matière vibrante tout aussi nettement définie, quoiqu'elle puisse être excessivement petite, que celle qui donne origine à un son musical. Une semblable particule est ce que nous appelons atome ou molécule. Je crois que l'intellect chercheur, s'il est bien mis au foyer, de manière à définir nettement l'objet sans pénombre nuageuse, finira certainement par réaliser cette image.

Dans le but de tenir votre pensée continuellement éveillée pendant tout ce discours, et d'empêcher que le défaut de connaissance ou de mémoire produise dans notre tableau quelque discontinuité, je me propose ici de faire une excursion rapide sur une langue de terre qui est probablement très familière au plus grand nombre parmi vous, mais avec laquelle il faut que vous vous familiarisiez tous. Les ondes engendrées dans l'éther par les atomes des corps lumineux ont des longueurs et des amplitudes différentes. L'amplitude est la largeur de vibration ou d'excursion des particules individuelles de l'onde. Dans les ondes liquides, c'est la hauteur de la crête de l'onde au-dessus du niveau du bassin; tandis que la longueur de l'onde est la distance entre deux crêtes successives. L'ensemble des ondes émises par le soleil peut largement se diviser en deux classes : l'une capable, l'autre incapable d'exciter la vision. Mais les ondes génératrices de la lumière diffèrent notablement entre elles par la grandeur, la forme et la force. La longueur de la plus grande de ces ondes est à peu près double de la longueur de la plus petite; mais l'amplitude de la plus grande est probablement cent fois celle de la plus petite. Cela posé, la force ou l'énergie de l'onde, laquelle, exprimée relativement à la sensation, signifie l'intensité de la lumière, est proportionnelle au carré de l'amplitude. D'où il résulte que si l'amplitude est cent fois plus grande, l'énergie de la plus grande des ondes lumineuses sera dix mille fois celle de la plus petite. Cela n'est nullement improbable. Je fais usage de ces chiffres, non pas dans l'intention d'exprimer une exactitude mécanique; mais pour vous donner des idées nettes des différences qui existent probablement entre les ondes lumineuses. Et, si nous faisons entrer en ligne de compte la série entière des radiations solaires, les ondes non lumineuses comme les ondes lumineuses, je regarde comme probable que la force ou énergie de la plus grande des ondes est un million de fois celle de la plus petite. Le rouge, par exemple, est produit par les ondes les plus grandes, le violet par les plus petites, tandis que le vert est produit par des ondes d'une longueur et d'une amplitude intermédiaires. En entrant de l'air dans des substances plus fortement réfrangibles, comme le verre et l'eau ou le sulfure de carbone, toutes les ondes sont retardées, mais les plus petites le sont plus que les grandes. Cela nous fournit un moyen de séparer les diverses classes d'ondes les unes des autres, ou, en d'autres termes, d'analyser la lumière. Envoyées à travers un prisme réfringent, les ondes du soleil sont déviées à des degrés différents de leur course directe, le rouge moins, le violet plus. Elles sont virtuellement séparées les unes des autres; et elles peignent sur un écran blanc, placé pour les recevoir, le *spectre solaire*. Rigoureusement parlant, le spectre embrasse une infinité de couleurs, mais les limites de notre langage et de notre pouvoir de distinction ont fait que nous l'avons divisé en sept segments : rouge, orangé, jaune, vert, bleu, indigo, violet; ou, en commençant par la fin : violet, indigo, bleu, vert, jaune, orangé, rouge.

Ce sont les sept couleurs principales ou prismatiques. Séparées ou mêlées en proportions diverses, les ondes solaires produisent toutes les couleurs observées dans la nature et employées dans l'art; collectivement ou fondues ensemble, elles donnent l'impression du blanc. La lumière solaire pure, non passée au crible, est blanche, et si toutes les ondes constituantes d'une semblable lumière étaient réduites dans la même proportion, la lumière, quoique diminuée d'intensité, serait toujours blanche. La blancheur des neiges des Alpes, lorsque le soleil brille sur elles, est à peine supportée par l'œil. La même neige sous un ciel couvert est toujours blanche. Un ciel couvert affaiblit la lumière par réflexion; mais lorsque, élevés nous-mêmes au-dessus d'un champ de nuages, debout, par exemple, sur un pic des Alpes ou sur le sommet du Snowdon, nous regardons, dans une direction convenable, le soleil brillant sur les nuages, ils se montrent à nous d'un blanc éblouissant. Les nuages ordinaires, de fait, divisent la lumière qui tombe sur eux en deux parts, l'une réfléchie, l'autre transmise, et dans chacune des deux les proportions du mouvement ondulatoire qui donne la sensation du blanc sont sensiblement préservées.

Il faut qu'il soit bien compris que les conditions de la blancheur feraient défaut si toutes les ondes étaient également diminuées, ou diminuées d'une même quantité absolue. Elles doivent être réduites proportionnellement et non pas également. Si dans l'acte de la réflexion les ondes de la lumière rouge sont coupées exactement en deux moitiés égales, alors, pour maintenir la lumière blanche, il faut que les ondes du jaune, de l'orangé, du vert, du bleu, soient aussi coupées en deux moitiés égales : en un mot, la réduction doit se faire non par des quantités absolument égales, mais des parties fractionnaires égales. Dans la lumière blanche, la prépondérance, en ce qui regarde l'énergie, des plus grandes ondes sur les plus petites doit toujours être immense. S'il en était autrement, la couleur relativement physiologique, le bleu, des plus petites ondes, aurait la haute main dans nos sensations.

Le désir que j'éprouve de rendre vos images mentales aussi complètes que possible, m'oblige à passer brièvement sur les points connus; ce même désir me forcera à m'arrêter un peu plus sur les points inconnus. Mais voici que je suis troublé dans mes réflexions. Quand je pense à l'effet d'un dîner sur le système nerveux, et les rapports de ce système avec les facultés intellectuelles auxquelles je fais appel en ce moment; quand je me souviens que l'expérience universelle du genre humain assigne à un discours, après dîner, un certain nombre de conditions de perfections; et quand je me dis à moi-même à quel point, dans la présente occasion, ces conditions brillent par leur absence; il n'y a dans cet ensemble d'impressions rien de très rassurant pour un homme qui tient à être bien avec tous les hommes ses frères, et en particulier avec les membres de l'Association britannique. Mon état ressemble trop à celui de l'éther, que l'on définit scientifiquement un ensemble de vibrations. Et le pire est qu'à moins que vous ne cassiez le verdict général prononcé contre les effets du dîner, et que vous ne prouviez personnellement qu'une expérience uniforme n'est pas nécessairement continuée uniformément, ce qui serait un grand point de gagné pour beaucoup, mes tremblements seraient de plus en plus douloureux. Mais je fais appel dans mon esprit à ces paroles réconfortantes d'un écrivain inspiré quoique non canonique, qui nous dit dans les Apocryphes *que la peur est un mauvais conseiller*. Permettez donc que je la chasse, et permettez-moi aussi d'espérer avec confiance que tous et chacun vous secouerez ce sommeil balsamique dont le dîner, dans les circonstances données, doit être regardé comme l'antécédent indissoluble; et que tous, Messieurs et Mesdames, vous poursuivrez courageusement votre chasse à l'éther et à ses ondes dans des régions qui, jusqu'ici, n'ont été fréquentées que par les seuls pionniers de la science.

Non seulement les ondes de l'éther sont réfléchies par les nuages, par les solides, par les liquides; mais toutes les fois qu'elles passent d'un air léger à un air dense, ou d'un air dense à un air léger, une portion ondulatoire est toujours réfléchie. Cela posé, notre atmosphère change continuellement de densité du sommet à la base. Vos conceptions seront rendues plus faciles, si vous la regardez comme formée d'une série de couches concentriques minces, ou de coquilles d'air, chaque coquille ou couche ayant partout la même densité; mais un changement de densité petit et soudain se produisant dans le passage d'une couche à une autre, la lumière sera réfléchie aux surfaces limites de toutes les couches, et leur action résultante sera pratiquement la même que celle de l'atmosphère réel. Maintenant je demande à votre imagination de se représenter cet acte de réflexion. Qu'arrivera-t-il de la lumière réfléchie? Les couches atmosphériques tournent leur surface convexe vers le soleil. Elles sont ainsi autant de miroirs convexes, de faibles pouvoirs réfléchissants; et vous concevez immédiatement que la lumière réfléchie par ces surfaces ne peut pas du tout atteindre la terre, qu'elle est forcément dispersée dans l'espace.

Cependant, quoique la lumière du soleil ne soit pas ainsi réfléchie par les couches aériennes de manière à atteindre la terre, une évidence indubitable nous prouve que la lumière de notre firmament est de la lumière réfléchie. Je pourrais invoquer, à l'appui de cette assertion, les preuves les plus convaincantes; mais il nous suffit de considérer que nous recevons la lumière en même temps de toutes les parties de l'hémisphère des cieux. La lumière du firmament vient à nous en croisant en tous sens la direction des rayons solaires; or, ce croisement latéral et en sens opposé du mouvement ondulatoire ne peut être dû qu'au rebondissement des ondes sur l'air lui-même, ou sur quelque chose en suspension dans l'air. Il est non moins évident que, contrairement à ce qui produit l'action des nuages, la lumière solaire n'est pas réfléchie par le ciel dans les proportions voulues pour produire du blanc. Le ciel est bleu, ce qui indique qu'il manque à la lumière une partie des plus grandes ondes. Quand il est question de rendre compte de la couleur du ciel, la première question suggérée par l'analogie est sans aucun doute celle-ci : l'air n'est-il pas bleu? Le bleu de l'air a, de fait, fourni une solution de la couleur bleue du firmament. Mais la raison, se basant elle-même sur l'observation, réplique et demande : comment, si l'air est bleu, la lumière du soleil levant et couchant, qui traverse une si grande épaisseur d'air, est-elle jaune, orange ou même rouge? Le passage de la lumière blanche à travers un milieu bleu ne peut en aucune manière la rougir. L'hypothèse de l'air bleu est par conséquent insoutenable. De fait, l'agent, quel qu'il soit, qui nous envoie la lumière du ciel, exerce, en agissant ainsi, une action dichroïtique ou colorante. La lumière réfléchie est bleue, la lumière transmise est orange ou rouge. Il existe de cette manière une distinction marquée entre la matière du ciel et celle d'un nuage ordinaire, lequel n'exerce aucune action dichroïtique.

Par la force combinée de l'imagination et de la raison, nous pouvons aussi pénétrer ce mystère. Le nuage ne distingue pas entre les ondes éthérées de diverses grandeurs, il les réfléchit toutes également. Il n'exerce aucune action élective. Et la cause de l'absence d'élection est peut-être que les particules du nuage sont si grosses en comparaison de l'amplitude des ondes de l'éther, qu'elles les réfléchissent toutes indifféremment. Un large écueil réfléchit la vague roulante que lui envoie l'Atlantique aussi aisément que la ride produite par l'aile d'un oiseau de mer; et en présence de larges surfaces réfléchissantes, les différences de grandeurs entre les ondes de l'éther peuvent disparaître.

Mais qu'arrivera-t-il si l'on suppose que les particules réfléchissantes, au lieu d'être très larges, sont au contraire très étroites, en comparaison des dimensions des ondes? Dans ce cas, au lieu que l'onde soit reçue tout entière de front et en grande partie renvoyée en arrière, une petite portion seulement sera brisée. La grande masse de l'onde passera sans réflexion sur une particule aussi petite. Dispersez, diffusez donc à pleines mains ces petites particules étrangères dans notre atmosphère, et demandez à votre imagination de surveiller l'action qu'elles vont exercer sur les ondes solaires. Des ondes de toutes dimensions viennent se heurter contre ces particules; et vous voyez que, à chaque collision, une portion des ondes heurtantes rebondit par réflexion. Toutes les ondes du spectre, depuis le rouge extrême jusqu'au violet extrême, sont ainsi traitées. Mais dans quelles proportions ces ondes seront-elles dispersées? Une image très nette vous mettra à même de prendre les devants sur la réponse expérimentale. Vous souvenant que les ondes rouges ont avec les ondes bleues beaucoup des rapports qu'ont les sillons avec les rides, demandons-nous si ces particules excessivement petites sont capables de disperser toutes les ondes dans la même proportion. Si elles ne le sont pas (et il suffit d'un instant de réflexion pour se convaincre qu'elles ne le sont pas), la production de la couleur sera un incident nécessaire de la dispersion. La largeur est une dimension relative; et plus étroite est l'onde, plus grande est la dimension relative de la particule contre laquelle l'onde vient se heurter, plus grand aussi est le rapport à l'onde totale de la portion d'onde réfléchie. Un caillou placé sur le chemin d'une des rides circulaires par la grosse goutte de pluie qui tombe sur un bassin d'eau tranquille, repoussera en arrière une grande fraction de la ride qui vient le heurter, tandis que la portion d'une onde plus grande réfléchie par ce même caillou peut n'être qu'une fraction infinitésimale. Cela posé, nous avons déjà rendu très évident à votre esprit ce fait que, pour que la lumière solaire reste blanche, il faut que ses proportions constituantes ne soient pas altérées; or, dans l'acte de partage réalisé par ces particules très petites, nous voyons que ces proportions sont altérées, et qu'une fraction indue ou excédante des plus petits ondes est dispersée par les particules; il en résulte nécessairement que dans la lumière dispersée ou diffuse, le bleu sera la couleur prédominante. Les autres couleurs du spectre doivent, dans une certaine proportion, être associées avec le bleu. Elles ne sont pas absentes, mais déficientes. Nous devons, de fait, les retrouver toutes, mais en proportion diminuée, depuis le violet jusqu'au rouge.

Nous avons pris l'imagination pour juge dans un cas particulier, et en admettant que la théorie des ondulations soit une réalité, nous sommes, il me semble, arrivés, par une série de raisonnements très certains, à cette conclusion que si des particules, petites, relativement aux dimensions des ondes de l'éther, sont en suspension dans notre atmosphère, la lumière dispersée ou diffusée par ces particules, sera exactement celle que nous observons dans notre firmament azuré. Si l'on analyse cette lumière, on y trouve toutes les couleurs du spectre, mais on les y trouve dans les proportions indiquées par notre conclusion.

Reportons notre attention sur la lumière qui passe entre les particules sans avoir été dispersée par elles; comment sera-t-elle définitivement affectée? Par les collisions successives avec les particules, la lumière blanche sera de plus en plus dépouillée de ses ondes plus courtes; elle perdra donc de plus en plus de sa proportion normale de bleu. Ce résultat peut être affirmé *a priori*. La lumière transmise, si la distance parcourue est courte, se montrera jaunâtre. Mais à mesure que le soleil s'abaisse vers l'horizon, la distance atmosphérique parcourue augmente, et avec elle, par conséquent, le nombre des particules dispersantes. Elles soustraient successivement le violet, l'indigo, le bleu, et diminuent même la proportion de vert. La lumière transmise dans de semblables circonstances doit passer du violet au rouge par l'orangé. C'est aussi exactement ce que nous trouvons dans la nature. Ainsi, pendant que la lumière réfléchie nous donne à midi l'azur foncé des cieux alpins, la lumière transmise nous donne au coucher du soleil le cramoisi chaud des neiges alpines. Les phénomènes, certainement, se passent comme si notre atmosphère était un milieu rendu légèrement trouble par la suspension mécanique de particules étrangères extrêmement fines. Ici, comme auparavant, nous retrouvons notre sceptique *comme si ;* c'est un des parasites de la science, toujours sous la main, toujours prêt à s'implanter, à se dresser s'il se peut sur les points faibles de notre philosophie. Mais une forte constitution défie les parasites, et dans le cas actuel, à mesure que nous interrogeons les phénomènes, la probabilité croît comme une santé de plus en plus florissante, jusqu'à ce que, à la fin, la maladie du doute soit complètement extirpée. La première question qui surgit naturellement est celle-ci : peut-on prouver réellement que les particules agissent de la manière indiquée? Aucun doute à ce sujet. Chacun de vous est en mesure de soumettre cette question à une épreuve expérimentale. L'eau ne dissout pas la résine, mais l'alcool la dissout; et si lorsque l'alcool tient la résine en dissolution, on en fait tomber quelques gouttes dans l'eau, la résine se sépare immédiatement sous forme de particules solides qui rendent l'eau laiteuse. La finesse du précipité est en raison inverse de la quantité de résine dissoute. Vous pouvez l'amener à se séparer en grumeaux épais ou en particules excessivement fines. M. le professeur Brucke nous a indiqué les proportions les plus particulièrement convenables pour les expériences que nous avons à faire. On dissout un gramme de mastic pur dans 86 grammes d'alcool absolu; et l'on fait tomber goutte à goutte la solution transparente ainsi obtenue dans un verre contenant de l'eau claire vivement agitée. Il se forme ainsi un précipité excessivement fin qui déclare sa présence par son action sur la lumière. Si l'on place une surface noire derrière le verre, et que l'on permette à la lumière de venir d'en haut ou de front, le milieu se montre distinctement bleu. Ce n'est peut-être pas un bleu aussi parfait que celui que j'ai vu cette année dans les Alpes par des jours exceptionnels, mais c'est un beau bleu de ciel. Le lait de Londres, et, je le crains, le lait aussi de Liverpool se rapprochent de la même couleur par un effet de la même cause; et M. Helmholtz a découvert irrévérencieusement que le bleu le plus foncé de l'œil est simplement dû à l'action d'un milieu trouble.

L'action des milieux troubles sur la lumière a été expliquée par Gœthe, qui, quoique n'étant pas initié à la théorie des ondulations, avait été conduit par ses expériences à regarder le firmament comme un milieu trouble illuminé, ayant derrière lui l'obscurité de l'espace. Il décrit des verres qui montrent par transmission une couleur jaune brillante, et par réflexion une belle lumière bleue. M. le professeur Stokes, qui a probablement discerné le premier la nature réelle de l'action des petites particules sur les ondes de l'éther, décrit un verre de même espèce (¹). On peut voir à la devanture de M. Salviati, dans *Saint-James street*, de magnifiques échantillons de ce verre. Ce que les artistes appellent *glacis Chill* est sans doute un effet de ce genre. En raison de l'action de particules très minimes, les bruns d'une peinture présentent souvent l'apparence d'une fleur faite avec des plumes. En frottant le vernis avec un mouchoir de soie, la continuité optique est établie, et le Chill glacis disparaît. Il y a quelques années, je voyais M. Zitt expérimenter à Zermatt, sur l'eau trouble de la Wisp, alors chargée de matières très divisées provenant des glaciers. Lorsqu'on la laisse tranquille pendant un jour ou deux, la matière plus grosse tombe au fond, mais la matière plus fine reste en suspension, et donne à l'eau une teinte bleue très distincte. On a reconnu que la couleur bleue de certains lacs alpins était due en partie à la même cause. M. le professeur Roscoe a constaté plusieurs cas très fréquents de même genre. Dans un mémoire remarquable, feu James Forbes a montré que la vapeur issue de la soupape de sûreté

(¹) Ce verre, vu par réflexion, montre une couleur ressemblant fort à celle de la décoction d'écorce de marronnier dans l'eau. Chose assez curieuse, Gœthe fait mention de cette même décoction : « On prend dit-il, une petite bande d'écorce franche de marronnier; on la projette dans un vase d'eau et, après un temps très court, on voit apparaître le bleu de ciel parfait. » (GŒTHES WERKE, Vol. XXIX, p. 24.)

d'une locomotive, lorsqu'on l'observait convenablement, montrait dans une certaine phase de la condensation les couleurs du firmament, c'est-à-dire une lumière bleue par réflexion, une lumière orange ou rouge par transmission. Le même effet, remarqué par Gœthe, se reproduit dans une certaine étendue avec la fumée de tourbe. Il y a plus de dix ans, à Killarney, je m'amusais à observer par un jour calme les colonnes allongées de fumée qui s'élevaient des cheminées des chaumières. Il était facile de projeter la portion inférieure de la colonne sur une forêt sombre de sapins, et la portion supérieure sur un nuage brillant. Dans le premier cas, elle était bleue, vue qu'elle était principalement par la lumière réfléchie; dans le second, elle était rougeâtre, vue surtout par la lumière transmise.

Le précipité fin de Brucke, auquel j'ai fait allusion plus haut, apparaît jaunâtre, vu par transmission; mais en renforçant convenablement le précipité, on peut communiquer à la lumière blanche de midi une teinte rubis aussi foncée que celle du soleil vu à travers la fumée de Liverpool, ou sur les horizons alpins. Je ne prétends pas cependant citer la grosse fumée qui sort du charbon comme un exemple de l'action des petites particules, parce que cette fumée absorbe et détruit les ondes du bleu, au lieu de les renvoyer à l'œil de l'observateur.

Ces faits multiples, et beaucoup d'autres que je pourrais citer en nombre indéfini, s'expliquent par la mise en jeu d'un seul principe : si les particules dispersantes sont petites en comparaison des dimensions des ondes, nous avons dans la lumière réfléchie une plus grande proportion de petites ondes, dans la lumière transmise une plus grande proportion de grandes ondes, que nous n'en avions dans la lumière blanche primitive. La conséquence physiologique est que le bleu prédomine dans l'une, l'orangé ou le rouge dans l'autre. Et maintenant poussons nos recherches en avant. Nos meilleurs microscopes nous révèlent facilement des objets qui n'ont pas en diamètre plus de $\frac{1}{50000}$ de pouce; c'est moins que la longueur d'onde de la lumière rouge. En réalité, un microscope de première force nous met à même de discerner des objets dont le diamètre n'excède pas la longueur de la plus petite des ondes du spectre visible. Nous pouvons donc à l'aide du microscope soumettre nos particules à l'épreuve de l'expérience. Si elles sont aussi grandes que les longueurs d'onde, elles seront vues infailliblement; et si elles ne sont pas vues, c'est qu'elles sont plus petites. J'ai remis aux mains de notre président un flacon contenant des particules de Brucke plus nombreuses et plus grosses que celles examinées par M. Brucke. Le liquide présentait une couleur laiteuse bleue; et M. Huxley lui appliqua son oculaire le plus grossissant. Il m'affirmait que si des particules ayant seulement $\frac{1}{100000}$ de pouce de diamètre existait dans ce liquide, elles n'échapperaient pas à son regard. Mais il ne vit aucune particule. Sous le microscope, le liquide trouble ne se distinguait pas de l'eau distillée. Brucke, je puis le dire, avait constaté de son côté que les particules étaient en dehors des grandeurs visibles au microscope.

Mais nous sommes en mesure d'imiter, de beaucoup plus près que nous ne l'avons fait jusqu'ici, les conditions naturelles de ce problème. Nous pouvons engendrer dans l'air, comme beaucoup de vous le savent, des cieux artificiels, et prouver leur parfaite identité avec les cieux naturels, en ce qui regarde la manifestation d'un nombre tout à fait inattendu de phénomènes. Bien plus, par un procédé continu de croissance, nous sommes à même d'établir un trait d'union de la matière ciel, si nous pouvons nous exprimer ainsi, ou la matière moléculaire d'une part, de l'autre avec la matière molaire ou la matière en masses sensibles. Pour mettre ce fait en évidence, j'aurai recours à une expérience communiquée par M. Morren de Marseille, à la dernière réunion de l'Association britannique. Le soufre et l'oxygène se combinent pour former le gaz acide sulfureux. C'est ce vilain gaz qui sent si fort quand nous brûlons dans l'air une allumette soufrée. Deux atomes d'oxygène et un atome de soufre constituent la molécule d'acide sulfureux. Cela posé, il a été montré récemment, par un grand nombre d'exemples, que les ondes de l'éther émanant d'une source très intense, telle que le soleil ou la lumière électrique, sont complètement capables de dissocier les atomes de ces molécules gazeuses. Un chimiste appellerait cette séparation *décomposition* par la lumière; mais il nous importe à nous, qui examinons la puissance et le rôle de l'imagination, d'avoir constamment sous les yeux les images physiques que nos expressions signifient. Voilà pourquoi je dis, en termes nettement définis, que les composantes des molécules de l'acide sulfureux sont séparées ou dissociées par les ondes éthérées. Enfermons cette substance dans un récipient ou ballon convenable, plaçons-le dans une chambre noire, et faisons-le traverser par un puissant rayon lumineux. Nous ne voyons d'abord rien. Le vase qui contient le gaz semble tout à fait vide. Bientôt, cependant, on voit apparaître le long de la trace du rayon une belle couleur de ciel bleu, due aux particules libérées du soufre. Pendant un certain temps le bleu devient de plus en plus intense; il devient ensuite blanchâtre, et passe peu à peu d'un bleu blanchâtre au blanc plus ou moins parfait. Si l'action se continue assez longtemps, nous remplissons à la fin ce tube d'un nuage dense de particules de soufre que nous pouvons rendre visibles par l'application de moyens appropriés.

Ici donc, nos ondes éthérées brisent les liens de l'affinité chimique, et mettent en liberté un corps, le soufre, qui, à la température ordinaire, est solide, et qui par conséquent devient un objet tombant sous nos sens. Nous avons tout d'abord les atomes libres du soufre, qui sont à la fois invisibles et impuissants à exciter sensiblement la rétine par la lumière qu'ils renvoient. Mais ces atomes se rapprochent, s'unissent graduellement pour former des molécules; et ces molécules grossissent de plus en plus, de manière à apparaître après une ou deux minutes sous forme de matière ciel. Dans cette condition elles sont encore invisibles individuellement, mais aptes à envoyer à la rétine une quantité de mouvements ondulatoires suffisante pour produire le bleu du firmament. Les particules se maintiennent ou peuvent être maintenues dans cet état pendant un temps considérable durant lequel aucun microscope ne peut lutter avec elles. Mais elles continuent à devenir plus grosses et passent par des gradations insensibles à l'état de nuage, sous lequel elles ne peuvent plus échapper à l'œil armé. Ainsi, sans solution de continuité, nous commençons par de la matière à l'état de molécules, et nous finissons par de la matière à l'état de masse, en passant par la matière ciel, moyen terme de cette série de modifications.

Au lieu de l'acide sulfureux, nous pouvons prendre une douzaine d'autres substances, et produire le même effet avec chacune d'elles. Dans le cas de quelques-unes, probablement dans le cas de toutes, il est possible de conserver la substance dans sa condition ciel pendant quinze ou vingt minutes, sous l'action continue de la lumière. Pendant ces quinze ou vingt minutes, les particules deviennent incessamment plus grosses, sans jamais excéder les dimensions requises pour la production du ciel bleu. Et si l'on plaçait sous vos yeux deux vases contenant chacun de la matière ciel, il vous serait possible de reconnaître très distinctement celui des vases qui contient les plus grosses particules. La rétine est très sensible aux différences de lumière, lorsque, comme ici, l'œil est dans une obscurité relative, et lorsque les quantités de mouvements moléculaires envoyées vers la rétine sont petites. Les plus grosses particules se révèlent elles-mêmes par la plus grande blancheur de la lumière diffusée par elles. Reportez maintenant votre esprit sur l'observation ou tentative d'observation faite par notre président, lorsqu'il essaya en vain de distinguer les particules résineuses du milieu de Brucke, et comme vous l'avez fait jusqu'ici, suivez-moi bien. Je fais arriver un rayon de lumière au sein d'une certaine vapeur. En deux minutes, l'azur apparaît et quinze minutes s'écoulent avant qu'il ait cessé. Mais après vingt minutes, sa couleur et quelques autres phénomènes annoncent que le bleu est celui de particules certainement plus petites que celles cherchées en vain par M. Huxley. Ces particules, comme nous l'avons déjà établi, doivent avoir un diamètre de moins de $\frac{1}{100\,000}$ de pouce. Cela posé, j'ai besoin de soumettre à votre imagination la question suivante : Voici des particules qui ont grandi continuellement pendant quinze minutes et qui, au bout de ce temps, sont démonstrativement plus petites que celles qui défiaient le microscope de M. Huxley. *Quelles peuvent avoir été les dimensions de ces molécules au début de leur croissance?* Quelle idée pouvez-vous vous former de leur petitesse? Les distances de l'espace stellaire nous donnent simplement un sentiment étourdissant d'immensité sans laisser dans notre esprit aucune impression saisissable; et les grandeurs avec lesquelles nous avons à faire maintenant nous étourdissent également en sens opposé. Nous avons à compter avec des infiniment petits, en comparaison desquels les test-objets du microscope sont littéralement immenses.

De leur perméabilité à la lumière stellaire, et d'autres considérations, sir John Herschel tire quelques conclusions, frappantes relativement à la densité et au poids des comètes.

Vous savez que ces corps extraordinaires et mystérieux laissent quelquefois des queues de cent millions de milles de longueur et de cinquante mille milles de diamètre ou de largeur. Le diamètre de notre terre est de huit mille milles. La terre avec le firmament, et une bonne portion de l'espace au delà du firmament, seraient certainement contenues dans une sphère de dix mille milles de diamètre. Concevons qu'on remplisse une sphère creuse de ce diamètre avec la matière cométaire, et que nous en fassions notre unité de mesure. Pour produire une queue de comète des dimensions que nous venons de rappeler, il faudrait que nous eussions à verser dans l'espace trois cent mille semblables mesures. Supposons maintenant que la totalité de cette matière soit réunie et convenablement comprimée, que supposez-vous que sera ce volume? Sir John Herschel vous annoncerait probablement que cette masse entière pourrait être entraînée d'un seul coup de collier par un de nos chevaux de trait. Je ne sais pas, en réalité, si pour emporter cette poussière cométaire, il faudrait plus qu'une fraction de force de cheval. Après cela vous serez disposé à ne pas traiter de monstrueuse une idée que je me suis faite quelquefois relativement à la quantité de matière de notre firmament. Supposons une couche ou coquille entourant la terre, à une hauteur au-dessus de sa surface qui la place au delà de la matière grossière en suspension dans les régions basses de l'air, par exemple, à la hauteur du Matterhorn ou du Mont-Blanc. En dehors de cette couche nous avons le bleu foncé du ciel. Admettons que l'espace atmosphérique au delà de la couche soit entièrement balayé et que toute la matière ciel soit rassemblée avec soin. Quelle sera probablement sa quantité? J'ai pensé quelquefois que la caisse de voyage d'une dame pourrait la contenir tout entière. J'ai pensé aussi que la petite malle d'un monsieur, ou peut-être même sa tabatière, pourrait la contenir. Que notre ciel actuel soit ou non capable d'une telle condensation, je n'en regarde pas moins comme certain qu'un ciel tout aussi vaste que le nôtre, et aussi bleu en apparence, pourrait ne former qu'une quantité de matière remplissant à peine le creux de la main.

Petite en masse, l'immensité, au point de vue du nombre des particules de notre ciel, peut se conclure de la continuité de sa lumière. Elle n'est nullement brisée en morceaux; ce n'est pas sur des points isolés que l'azur des cieux se révèle à nous. Pour l'observateur placé au sommet du Mont-Blanc, le bleu du ciel est aussi continu et aussi cohérent que s'il formait une surface solide du glacis le plus fin. Un dôme en marbre poli ne présenterait pas une continuité plus absolue. Et M. Glaisher vous apprendra que si notre couche ou coquille hypothétique était soulevée jusqu'à deux fois la hauteur du Mont-Blanc au-dessus de la surface de la terre, nous aurions toujours l'azur des cieux étendu sur nos têtes. Partout à travers l'atmosphère ces particules ciel sont disséminées. Elles remplissent les vallées alpines, s'étendant comme une gaze délicate en avant des pentes des forêts de pins. Quelquefois elles enveloppent les pics des montagnes de tant de lumière qu'ils cessent d'être définis. Cette année, j'ai vu le Wheisshorn ainsi fondu dans l'air opalescent. Avec des instruments appropriés on peut éteindre l'excès de lumière brillante lancée sur la rétine par les particules ciel, et tout aussitôt la montagne effacée se dresse devant l'œil parfaitement définie. Cette extinction de la lumière qui cachait le profil de la montagne sombre, ressemble exactement à l'enlèvement d'un voile. C'est la lumière prenant alors possession de l'œil et non pas les particules agissant comme des corps opaques qui empêchent la vision définie. Dans le jour, cette même lumière diffuse éteint les étoiles. Même par un clair de lune elle empêche la vision de toutes les étoiles comprises entre la cinquième et la onzième grandeur. On peut la comparer à un bruit et la radiation stellaire à un chuchotement étouffé par le bruit.

Quelle est la nature de ces particules qui diffusent la lumière? Le célèbre M. de la Rive attribue la brume (haze) des Alpes dans les beaux jours à des germes organiques flottant dans l'air. Mais la possibilité de l'existence de germes en si grande profusion a été considérée comme une absurdité. On a affirmé qu'ils assombriraient l'air; l'impossibilité de leur existence en nombre suffisant sans évanouissement de la lumière solaire est devenue le grand argument des partisans de la génération spontanée. Les mêmes arguments ont été mis en avant par les opposants à la théorie des germes des maladies épidémiques; et les deux partis ont fait triomphalement appel au microscope et à la balance des chimistes pour décider la question. De semblables arguments sont absolument sans valeur. Sans vouloir me faire le moins du monde le partisan de l'idée de M. de la Rive, sans vouloir faire ici aucune objection contre la doctrine de la génération spontanée, sans donner même mon adhésion à la théorie des germes des maladies, je me borne à attirer l'attention sur ce fait, que, dans l'atmosphère nous trouvons des particules qui défient à la fois le microscope et la balance, qui n'obscurcissent pas l'air, et qui cependant sont en nombre assez grand pour faire pâlir l'hyperbole israélitique des grains de sable des rivages des mers.

Les jugements de divers hommes compétents sur ces questions et sur tant d'autres, trouvent peut-être leur explication, jusqu'à un certain point, dans la doctrine de la RELATIVITÉ qui joue un si grand rôle en philosophie. Cette doctrine affirme que les impressions produites sur nous dans telle circonstance ou dans telle combinaison de circonstances, dépendent de notre état antérieur. Deux touristes arrivés sur le même pic, l'un par ascension en partant de la plaine, l'autre par descension d'un sommet encore plus élevé, seront très différemment affectés par la scène qui les entoure. Pour l'un la nature va se dilatant, pour l'autre elle va se contractant; et il est impossible que pour deux spectateurs sortant de deux états antérieurs très différents, les sensations ne soient pas très différentes. Dans nos jugements scientifiques la relativité doit prendre aussi une part importante. A deux hommes, l'un élevé à l'école des sens, qui s'est principalement occupé d'observations, l'autre élevé à l'école de l'imagination et qui s'est exercé de bonne heure aux conceptions de ces atomes ou molécules auxquelles nous avons fait appel tant de fois, un fragment de matière, par exemple de $\frac{1}{50000}$ de pouce de diamètre, se présentera dans des conditions bien différentes. L'un descend vers cet atome du haut de ces hauteurs molaires, l'autre monte vers lui de ces bas-fonds moléculaires. A l'un il apparait petit, à l'autre il apparait grand. Il en est aussi de même dans l'appréciation des plus petites formes de la vie révélées par le microscope. A l'un de ces deux hommes elles semblent confiner avec les dernières particules de la matière; et il se figure sans peine les molécules d'où elles sont directement sorties; pour lui, il n'y a qu'un pas de l'atome à l'organisme. L'autre discerne entre les deux d'innombrables gradations organiques; comparés à ces atomes, les vibrions et les bactéries les plus minuscules du champ du microscope sont des Béhémoths et des Léviathans. La loi de la relativité peut jusqu'à un certain point expliquer les attitudes de ces deux hommes relativement à la génération spontanée. Une somme de preuves qui satisfait l'un est complètement insuffisante à satisfaire l'autre : et tandis qu'à l'un la démonstration la moins sûre d'elle-même et l'extension la plus hasardée de la doctrine sembleront parfaitement concluantes, pour l'autre elle se présentera comme un travail de démolition imposé sans profit aux chercheurs à venir.

J'espère, Monsieur le Président, vous dont les mauvaises langues ont fait un biologiste, mais qui conservez toujours active votre sympathie pour la classe de recherches que la nature vous appelait à poursuivre et à enrichir, que vous m'excuserez auprès de vos frères, si j'ose dire que quelques-uns semblent se former une idée imparfaite de la distance qui sépare la limite microscopique de la limite moléculaire, et que, par une conséquence nécessaire, ils emploient quelquefois une phraséologie qu'on dirait calculée dans le dessein de tromper; lorsque, par exemple, ils décrivent le contenu d'une cellule comme parfaitement homogène, et absolument sans structure, parce que le microscope ne peut y distinguer aucune structure; alors, je le crois, le microscope commence à jouer un rôle malfaisant.

Une considération bien petite va nous faire saisir à tous que le microscope ne doit pas être écouté dans la question réelle des germes organiques. L'eau distillée est plus parfaitement homogène que le contenu de toute cellule organique possible. Quelle cause fait que ce liquide cesse de se contracter à 4° au-dessus de zéro, et qu'il augmente de volume jusqu'à ce qu'il soit congelé? C'est un mode de structure que le microscope ne saisit pas, et qu'il n'est pas apte à saisir, quelque extension qu'on donne à son pouvoir grossissant. Placez cette eau distillée dans le champ d'un électro-aimant, et regardez-la au foyer d'un microscope, verrez-vous survenir quelque changement lorsque l'électro-aimant deviendra actif? Absolument aucun; et cependant il s'est produit un changement profond et compliqué. En premier lieu, les particules de l'eau ont été rendues diamagnétiquement polaires; en second lieu, en vertu de la structure qui lui a été imprimée par la tension magnétique de ses molécules, le liquide tord un rayon de lumière d'une manière complètement déterminée, en quantité et en direction. Il y aurait un immense intérêt pour vous et pour moi si quelqu'un que j'espère voir parmi nous, sir William Thomson, qui a amené sa brillante imagination à couver ce sujet, pouvait nous faire voir, comme il les voit, les modifications moléculaires compliquées que suppose la rotation du plan de polarisation par la force magnétique. Tandis qu'il s'occupait de cette question, il vivait dans un monde de matière et de mouvement pour lequel le microscope n'a pas de passeport, et dans lequel il n'est d'aucune aide. Les cas où ces mêmes conditions d'impuissance se retrouvent sont simplement innombrables. Le diamant, l'améthyste et les autres cristaux sans nombre qui se forment dans le laboratoire de la nature et de l'homme n'ont-ils aucune structure? Assurément ils en ont une; mais que peut en raconter le microscope? Rien! On ne saurait avoir assez présent à l'esprit, qu'entre la limite microscopique et la vraie limite moléculaire, il y a place pour des permutations et des combinaisons infinies. C'est dans cette région que les pôles des atomes s'orientent, que la tendance à l'action est donnée à leurs facultés, de sorte que, quand ces pôles et ces facultés trouvent leur liberté d'action et leur stimulus propre dans un entourage convenable, ils se groupent d'abord en noyaux, puis en organismes complets. La première orientation des atomes, celle dont dépend toute action subséquente, défie un pouvoir plus perçant que celui du microscope. Vaincues par ces excès de complications, et longtemps avant que l'observation ait aucune voix dans la matière, l'intelligence la plus hautement exercée, l'imagination la plus raffinée et la mieux disciplinée, battent en retraite, effrayées de la simple contemplation du problème. Nous devenons muets par un étonnement qu'aucun microscope ne pourrait dissiper, doutant, non seulement du pouvoir de notre instrument, mais que nous possédions nous-mêmes les éléments intellectuels nécessaires pour aborder les dernières énergies structurales de la matière.

Mais la faculté spéculative dans laquelle l'imagination entre pour une si large part, veut, néanmoins, s'égarer jusque dans des régions d'où l'espoir de la certitude semble être entièrement exclu. Nous croyons que, quoique l'analyse détaillée du phénomène soit et doive être toujours au-dessus de nos efforts, nous pouvons arriver, du moins, à des notions générales. A tout événement, il est évident qu'au delà des avant-postes actuels des recherches microscopiques, il existe un champ immense pour l'exercice de la puissance spéculative. Néanmoins, les esprits privilégiés qui savent user de leur liberté, sans en abuser, qui se sentent capables de contenir leur imagination dans les limites de la raison, sont seuls aptes à labourer ce champ avec quelque profit. Mais, à ces esprits, la liberté d'action est d'une si grande importance, que, pour se l'assurer, ils se résignent à scandaliser et à irriter leurs frères plus faibles. Dans plus d'un sens, M. Darwin a mis plus que tout autre à l'épreuve la tolérance de cet âge. Il a considérablement exagéré le temps dans son développement des espèces; il a si aventureusement exagéré la matière dans sa théorie de la Pangenèse. Suivant cette théorie, un germe déjà microscopique est un monde de germes plus petits. Non seulement l'organisme est enveloppé comme un tout dans le germe, mais chaque organe de l'organisme y a son siège spécial. Cette assertion, je le sais, est une exagération aventureuse du pouvoir qu'aurait la matière de se diviser elle-même et de distribuer ses forces. Mais, à moins que nous soyons parfaitement sûrs qu'il dépasse les limites de la raison, qu'il pèche sans en avoir la conscience contre les faits observés ou contre les lois démontrées, car un esprit comme celui de Darwin ne peut pas pécher sciemment contre les faits ou les lois, nous devons, il me semble, user de ménagement dans les limites que nous imposons à son horizon intellectuel. S'il reste tant soit peu de doute sur la matière, ce doute doit plaider en faveur de la liberté d'un semblable esprit. Pour lui une vague possibilité est en elle-même une puissance dynamique, quoiqu'on ne puisse jamais rien conclure de la possibilité. Je prends plaisir à penser que les raisonnements et les faits de ce discours tendent plus à la justification qu'à la condamnation de M. Darwin; qu'ils tendent plus à augmenter qu'à diminuer la sphère d'action exigée par ce sublime chercheur; car ils semblent prouver la parfaite compétence de la matière et de la force, en ce qui concerne la divisibilité et la distribution, à supporter l'extension la plus considérable qu'on leur ait imposée jusqu'ici.

Dans le cas de M. Darwin, l'observation, l'imagination et la raison combinées ont parcouru avec une sagacité et un succès merveilleux une certaine distance sur la ligne de la succession biologique. Guidé par l'analogie, dans son *Origine des espèces*, il a placé à la racine de la vie un germe primordial d'où l'on peut faire sortir la richesse et la variété étonnantes de la vie actuellement existant sur la terre. Si cela était vrai, ce ne serait pas encore la fin. L'imagination humaine voudrait infailliblement voir au delà de ce germe, et rechercher l'histoire de sa Genèse. Certainement ce serait sans espoir, mais les matériaux nécessaires pour donner un certain corps à une opinion ne manqueraient pas. Dans le clair-obscur de conjectures, le chercheur fait bon accueil à toute lueur et s'efforce de lui donner plus d'éclat par des incidents indirects. Il étudie les méthodes de la nature dans les âges et dans les mondes qu'il peut atteindre, pour pouvoir donner un corps à ces spéculations dans les âges et dans les mondes antérieurs. Et quoique la certitude obtenue par les recherches expérimentales manquent là tout à fait, l'imagination ne reste pas entièrement sans guides. De l'examen du système solaire, Kant et Laplace arrivèrent à cette conclusion que ses divers corps formaient autrefois les parties d'une même masse continue; que la matière sous forme nébuleuse précédait la matière sous forme de corps solide, qu'à mesure que les âges se déroulaient, la chaleur se perdait, la condensation s'ensuivait, les planètes se détachaient, de sorte que, finalement, la portion principale de l'ardent nuage atteignait, par sa propre compression, la grandeur et la densité de notre soleil. La terre elle-même semble accuser une origine ignée; et de nos jours l'hypothèse de Kant et Laplace reçoit un appui indépendant de l'analyse spectrale, qui nous fait retrouver les mêmes substances dans la terre et dans le soleil. Acceptant comme probable cette théorie de la formation de notre univers, nous sentons naître immédiatement en nous le désir de relier la vie présente de notre planète à sa vie passée. Nous voulons connaître quelque chose de nos ancêtres les plus reculés. Au premier moment de la séparation de la masse centrale, la vie telle que nous la comprenons aurait pu difficilement exister sur la terre. Comment donc y est-elle venue? Ce qu'il faut encourager ici, c'est une liberté respectueuse, une liberté faite à cette discipline sévère qui exclue toute licence dans la spéculation, tandis que la chose à réprimer dans la science comme hors de la science, c'est le dogmatisme. Et ici, je suis à la disposition de la réunion, prêt à couper court, si elle le veut, mais aussi prêt à marcher en avant. Je n'ai aucun droit de vous imposer, sans que vous me les ayez demandées, les notions informes qui flottent comme des nuages, en attendant qu'elles prennent un peu plus de consistance dans l'esprit spéculatif des savants modernes. Mais si vous désirez que je parle nettement, honnêtement, sans esprit de chicane, je suis prêt à le faire. Dans cette occasion, je puis vous dire comme dans Baruch les étoiles à Dieu :

Elles ont été appelées et elles ont dit : nous voici.

Deux vues donc se présentent à nous. La vie était présente potentiellement dans la matière à l'état de nébuleuse, et elle s'est dégagée de la matière par voie de développement naturel ; ou bien elle est un principe inséré dans la matière à une date postérieure. Quant à ce qui regarde la question de temps, l'opinion des hommes a changé d'une manière remarquable de nos jours et au sein de notre génération. Le clergé de Londres a assez de nerfs pour entendre les systèmes les plus hasardés qu'il plaira à l'un quelconque de nous d'énoncer; ils invitent, si même ils ne défient pas, les hommes d'opinions les plus tranchées, de se lever et de les exposer au grand air. Aucune théorie ne les déconcerte. Ils renoncent également aux tonnerres du ciel et aux terreurs d'autres lieux, repoussant la théorie, si elle ne leur plaît pas, avec l'honnêteté d'une force séculaire. De fait, la plus grande couardise du jour présent ne se trouve pas au sein du clergé, mais dans le camp même de la science.

Il y a deux ou trois ans, dans un antique collège de Londres, une institution cléricale, j'entendis une leçon remarquable faite par un homme très respectable. Trois ou quatre cents membres du clergé étaient réunis. L'orateur commença par la civilisation de l'Égypte au temps de Joseph; faisant ressortir que l'organisation vraiment parfaite de ce royaume, et la possession de chariots sur l'un desquels Joseph monta, indiquaient une période très longue de civilisation antérieure. Il passa ensuite aux dépôts du Nil, à la loi de son accroissement, à son épaisseur actuelle, aux débris de travail humain que l'on trouve dans son sein, puis aux roches qui limitent la vallée du Nil et qui pullulent de restes organiques. Suivant ainsi sa voie ouverte et merveilleuse, il amenait l'idée de l'âge du monde à se dérouler elle-même indéfiniment devant l'esprit de son auditoire, et faisait ressortir le contraste de cette longue période avec celle qu'on assigne ordinairement au monde. Durant son discours, il semblait nager contre un torrent; il pensait manifestement qu'il se mettait en opposition avec une conviction générale. Il s'attendait à la résistance, je m'y attendais avec lui. Mais c'était une méprise. Il n'y avait ni courant contraire, ni conviction opposée, ni résistance, mais seulement çà et là un demi-murmure, impuissant à l'arrêter dans sa causerie. La réunion acceptait tout ce qui avait été dit relativement à l'antiquité de la terre et de sa vie. Ils la reconnaissaient tous, en effet, de longue date, et ils raillaient de bonne humeur le lecteur qui venait leur redire une histoire surannée. Il était tout à fait évident que cette grande réunion de membres du clergé, qui étaient, je puis le dire, les échantillons les plus choisis de la classe, avait complètement abandonné les anciennes frontières et transporté l'origine de la vie dans un passé infiniment distant.

Ceci nous ramène au point principal de notre recherche actuelle qui est celui-ci : La vie appartient-elle à ce qu'on appelle la matière, ou est-elle un principe indépendant inséré dans la matière à une époque convenable, c'est-à-dire lorsque les conditions physiques furent devenues telles, qu'elles permissent le développement de la vie? Laissez-moi poser la question avec tout le respect dû à la foi et à l'éducation dans laquelle nous avons tous été bercés, foi et éducation, d'ailleurs, qui sont indubitablement les antécédents historiques de notre civilisation actuelle. Je le répète, laissez-moi poser la question avec respect, mais aussi la poser très nettement et très carrément. Nous avons les plus fortes raisons de croire que, durant une certaine période de son existence, la terre n'était pas, et n'était pas apte à devenir le théâtre de la vie. Était-ce encore la période de nébulosité, ou seulement la période de fluidité? cela ne fait rien à la question; et si nous retournons à la condition de nébuleuse, c'est parce que, en réalité, toutes les probabilités sont de son côté. Notre question est celle-ci : L'énergie créatrice a-t-elle dû attendre que la matière nébuleuse se fût condensée, que la terre se fût détachée, que le feu solaire se fût assez éloigné du voisinage de la terre pour permettre à une croûte de se former autour de la planète? A-t-elle dû attendre que l'air fût isolé, que les mers se fussent formées, que l'évaporation, la condensation et la chute de la pluie eussent commencé; que les forces érosives de l'atmosphère eussent humecté, décomposé, ramolli les rochers de manière à former la terre végétale; que les rayons du soleil fussent assez tempérés par la dispersion et par l'immensité pour devenir chimiquement capables des décompositions nécessaires au développement de la vie végétale? Après avoir attendu à travers ces Èons que les conditions de la vie fussent réalisées, la Puissance a-t-elle émis alors son *fiat :* Que la vie soit! Ces questions définissent une hypothèse qui n'est pas sans difficultés, mais dont la dignité est démontrée par la noblesse des hommes qui l'ont soutenue.

La science moderne se croit appelée à décider entre cette hypothèse et une autre; et l'esprit public général sera lui-même appelé à prendre plus tard cette même décision. Vous pouvez cependant rester parfaitement tranquilles dans la croyance que l'hypothèse ci-dessus formulée ne sera jamais renversée, et qu'il est sûr que si elle venait jamais à céder, ce ne serait qu'après un siège prolongé. Pour gagner un nouveau territoire, les arguments modernes exigent plus de temps que les armes modernes, quoique tous deux, arguments et armes, soient maniés avec beaucoup plus de rapidité qu'autrefois. Quelles que puissent être, d'ailleurs, les convictions individuelles qui peuvent naître çà et là, le progrès qui doit faire accepter par l'esprit public l'hypothèse rivale de l'évolution naturelle sera lent et séculaire. Car quels sont le noyau et l'essence de cette hypothèse? Mettons-la à nu, et plaçons-nous face à face avec la notion que non seulement les plus ignobles formes de la vie végétale ou animale, non seulement les plus nobles formes du cheval et du lion; non seulement le mécanisme exquis et merveilleux du corps humain, mais que l'âme humaine elle-même, l'émotion, l'intelligence, la volonté et tous leurs phénomènes, étaient jadis à l'état latent dans leur grossier nuage. Sans contredit, le seul énoncé d'une semblable notion est plus qu'une réfutation! Mais l'hypothèse devra probablement aller plus loin encore. Plusieurs de ceux qui la soutiennent voudront peut-être aller jusqu'à affirmer qu'à un moment donné toute notre philosophie actuelle, notre poésie, notre science, tous nos arts, Platon, Shakspeare, Newton, Raphaël, étaient en puissance dans les feux du soleil. Nous avons soif d'apprendre quelque chose de leur origine; or, si l'hypothèse de l'Évolution est exacte, ce désir insatiable lui-même doit nous être venu à travers les âges qui ont séparé le brouillard inconscient primitif de notre concience d'aujourd'hui. Je ne crois pas qu'aucun partisan de l'hypothèse de l'Évolution puisse dire que je l'ai surfaite et surchargée en aucune manière. J'ai simplement dépouillé de tout vague et amené devant vous sans vêtements, sans vernis aucun, les notions qui doivent la faire surgir ou tomber.

Incontestablement ces notions représentent une absurdité trop monstrueuse pour trouver place dans tout esprit sensé! Qu'il nous soit permis cependant de leur donner leur plein cours. Plaçons-nous carrément en face de l'hypothèse, et éloignant de nos esprits toute terreur et toute irritation, regardons-la fermement avec l'œil rudement acéré de la seule intelligence. Pourquoi ces notions sont-elles absurdes, pourquoi tout esprit sain doit-il les rejeter? La loi de la relativité, dont nous avons déjà parlé, peut ici trouver son application. Ces notions de l'Évolution sont absurdes, monstrueuses, et dignes seulement de la potence intellectuelle élevée en nous par les idées relatives à la matière, avec lesquelles nous avons été bercés lorsque nous étions jeunes. L'esprit et la matière nous ont toujours été présentés comme formant un rude contraste; l'une tout à fait noble, l'autre tout à fait vile. Cela est-il correct? Ces notions représentent-elles ce que le plus fort de nos maîtres spirituels appellerait le fait éternel de l'univers? Tout dépend de la réponse à cette question. Supposons qu'au lieu d'avoir présenté à nos jeunes esprits l'antithèse rappelée ci-dessus de l'esprit et de la matière, on nous eût appris à les considérer tous deux comme également dignes, comme également merveilleux, à les considérer de fait comme deux faces opposées d'un même mystère; supposons que, dans notre jeunesse, on nous eût imprégné de la notion du poète Gœthe, au lieu et place de la notion du poète Young, qui traitait la matière non comme matière brute, mais le vêtement vivant de Dieu. Ne croyez-vous pas que, dans ces circonstances si modifiées, la loi de la relativité aurait pu avoir une issue très différente de son issue actuelle? N'est-il pas probable que notre répugnance à l'idée d'une union primitive entre l'esprit et la matière eût alors été considérablement diminuée? En dehors de cette révolution totale des notions actuellement prévalentes, l'hypothèse de l'Évolution doit rester condamnée; mais, dans l'esprit de quelques penseurs profonds, cette révolution a déjà pris place. Ils ne dégradent aucun des membres de cette mystérieuse dualité; mais ils relèvent l'une de son abaissement, et repoussent le divorce que l'on a voulu établir jusqu'ici entre les deux. Au fond, sinon en paroles, leur position en ce qui regarde la relation de l'esprit et de la matière est : Ne séparons pas ce que Dieu a uni. Et pour ce qui regarde cet âge double qui s'étend de la vie inconsciente de la nébuleuse à la vie consciente de la terre, elle est, ajoutent-ils, une simple extension de cet oubli qui précède la naissance de chacun de nous.

Je vous ai conduit aux limites extrêmes de la science spéculative, bien au delà des nébuleuses que la pensée scientifique n'a jamais oser sonder jusqu'ici, et je me suis efforcé d'établir que ce que j'avais dans la pensée devait être exprimé avec franchise. Je ne crois pas que l'hypothèse de l'Évolution puisse être rejetée avec mépris comme ridicule; je ne pense pas qu'on puisse la dénoncer comme perverse. Il faut la traduire devant la barre d'une raison disciplinée, et là l'absoudre ou la condamner. Écoutons ceux qui la soutiennent sagement et qui la combattent sagement, et soyons tolérants pour ceux, en grand nombre, qui se refusent follement à écouter les deux opinions opposées. La seule chose hors de place est le dogmatisme, de quelque côté qu'il soit. Ne craignez pas l'hypothèse de l'Évolution. Tenez-vous en sa présence dans le sentiment de la foi au triomphe final de la vérité que le vieux Gamaliel exprimait en ces termes : « Si elle est de Dieu, vous ne pourrez pas la détruire; si elle est de l'homme, elle se dissipera d'elle-même. » Sous la vive lumière de la recherche scientifique, cette hypothèse sera certainement dissipée si elle ne possède pas un fond de vérité. Croyez-moi, son existence à l'état d'hypothèse dans un esprit est parfaitement compatible avec l'existence simultanée de toutes les vertus auxquelles on peut appliquer le nom de vertus chrétiennes. Elle ne résout pas, elle n'a pas la prétention de résoudre le système dernier de cet univers. Elle laisse de fait le mystère intact; car en acceptant la nébuleuse et sa vie potentielle, la question : d'où viennent-elles? restera toujours là pour nous confondre et nous effrayer. Au fond, l'hypothèse ne fait que transporter la conception de l'origine de la vie à un passé indéfiniment distant.

Ceux qui soutiennent la doctrine de l'Évolution n'ignorent en aucune manière l'incertitude de leur donnée, et ils ne font rien de plus que de lui donner un assentiment provisoire. Ils regardent l'hypothèse nébulaire comme probable, et dans l'absence entière de toute preuve qu'ils font un acte illégal, ils étendent la méthode de la nature du présent au passé. Ici l'uniformité de la nature est leur seul guide. Dans toute la longue série des recherches physiques, ils n'ont jamais discerné dans la nature l'insertion d'un caprice. Dans toute la série, les lois de la continuité physique et de la continuité intellectuelle ont marché côte à côte. Ayant ainsi déterminé les éléments de leur courbe dans le monde de l'observation et de l'expérience, ils prolongent cette courbe jusque dans un monde antérieur; ils acceptent comme probable la suite non interrompue du développement de la nébuleuse jusqu'au temps actuel. Vous n'entendrez jamais les défenseurs philosophiques réels de la doctrine de l'uniformité parler d'impossibilités dans la nature. Ils ne disent jamais, ce qu'on les accuse constamment de dire, qu'il est impossible à l'architecte de l'univers de modifier son ouvrage. Leur affaire n'est pas avec le possible, mais avec l'actuel; non avec un monde qui *peut être*, avec un monde qui *est*. Celui-ci, ils l'explorent avec un courage qui n'est pas sans respect, et avec des méthodes qui, comme la qualité d'un arbre, sont éprouvées par leur fruit. Ils n'ont qu'un désir, connaître la vérité. Ils n'ont qu'une crainte, ajouter foi au mensonge. Et s'ils ont la conscience de la force de la science, s'ils se fient à elle avec une confiance invincible, ils connaissent aussi les limites au delà desquelles la science cesse d'être forte. Ils savent mieux encore qu'il se présente à la pensée des questions que la science, telle qu'elle est poursuivie maintenant, ne tend en aucune manière à résoudre. Elles laissent ces questions ouvertes, et ils ne permettent pas qu'on impose aucune limite déloyale à l'horizon de leurs pensées. Ils ont aussi peu de communion avec les athées, qui disent : Il n'y a pas de Dieu, qu'avec les théistes, qui se vantent de connaître les idées de Dieu. « Deux choses, disait Emmanuel Kant, me remplissent de crainte, le ciel étoilé et le sentiment de la responsabilité morale chez l'homme. » Et dans les jours de santé, de force, de jugement sain, lorsque le coup de l'action a cessé, que la phase de réflexion est venue, le chercheur scientifique se trouve protégé par la même terreur. Rompant tout contact avec les détails embarrassants de la terre, il entre en société avec une puissance qui donne à son existence sa plénitude et sa vigueur, mais qu'il ne peut ni analyser, ni comprendre.

NOTE DE M. L'ABBÉ MOIGNO.

J'ai traduit ce discours intégralement, et je le donne sans coupures aucunes à mes lecteurs, parce qu'au fond la libre pensée du célèbre physicien, dans ses plus grandes hardiesses, ne nous dit rien qui ne puisse être entendu de tous. L'émancipation de la Science, telle qu'il la conçoit, est évidemment une exagération de son imagination, et il ne lui accorde lui-même aucune réalité. Je pourrais presque concilier quelques-uns de ses élans audacieux avec les exigences de la foi.

M. Tyndall n'affirme pas expressément la création, le Dieu créateur; c'est un tort; il ne les nie pas, il les suppose au contraire évidemment; il donne un commencement et une fin à l'univers actuel; il dit en termes exprès que l'âme de la force est venue un jour s'y loger, et qu'elle en sera un jour délogée. Son exposé si vrai de la loi de la relativité doit donner beaucoup à réfléchir à ceux qui transforment si facilement leur certitude subjective et personnelle en certitude objective et universelle. La rude leçon qu'il donne aux microscopistes, aux histologistes, aux cellulistes, est aussi neuve qu'éloquente. Qui désormais oserait conclure de ce que voit ou ne voit pas son œil, aussi puissamment armé qu'on le voudra, à ce qui est réellement !

La portion physique de ce discours, la théorie *a priori* de la lumière et de ses phénomènes est un chef-d'œuvre incomparable. Jamais je n'avais rien lu de plus finement déduit, de plus clairement exprimé. Aussi longtemps qu'il reste dans le domaine de la science des faits et de l'explication rationnelle des faits, M. Tyndall est un maître incomparable. Sa synthèse de l'azur des cieux est ravissante; sa matière ciel ou firmament est une nouveauté saisissante que je ne soupçonnais même pas, et qui jette un nouveau jour sur le verset sixième du premier Chapitre de la *Genèse*. Son étude de ces particules infiniment petites est curieuse à l'excès. J'aurais pu ne prendre que le physicien et laisser entièrement de côté le philosophe; mais il y a un très grand intérêt à suivre l'imagination jusque dans ses écarts, à montrer comment le savant le plus positif peut arriver et prendre plaisir à s'évanouir dans ses propres pensées. On remarquera, au reste, que M. Tyndall établit lui-même une démarcation très nette entre le monde des faits et le monde de la rêverie; que lorsqu'il parle des doctrines de la transmutation et de l'évolution, il déclare entrer dans le monde de la possibilité, de la probabilité invraisemblable, ou même de l'absurdité dans l'état actuel des esprits. Pour que nos doctrines soient complètement à l'abri de ces exagérations de la pensée libre, il suffit que le monde de la Genèse et de la révélation, comme le monde de la nature, soit totalement différent du monde de l'évolution, et c'est ce qui a lieu évidemment. Le monde de l'évolution est essentiellement uniforme, continu, indéfini, éternel même, sans commencement ni sans fin. Le monde de la Genèse et de la nature a eu nécessairement un commencement, et il aura nécessairement une fin. Dans le ciel comme dans les entrailles du sol, comme à la surface de la terre, nous voyons partout le fini, le nombre, le discontinu, le saut brusque d'un être ou d'un mode d'être à un autre; partout des formes dernières très distinctes les unes des autres, et se perpétuant semblables à elles de génération en génération. Nulle part ou presque nulle part, au contraire, nous ne trouvons les formes intermédiaires ou de transition, le continu, l'uniforme, l'indéfini, la transmutation, etc., etc. En un mot, dans le monde réel comme dans le monde de la Genèse, nous voyons partout création, sortie du néant, génération d'un semblable par un semblable, et nulle part évolution; l'évolution reste donc à l'état d'hypothèse, de théorie abstraite, de rêve; elle n'est nullement une réalité qu'on puisse nous opposer.

Je n'ai pas besoin d'ajouter qu'il n'y a rien dans le système de Laplace sur la condensation des nébuleuses, l'origine commune et la formation successive des planètes, que nous ne puissions admettre et enseigner. Ce système, au contraire, comme Ampère le montrait il y a déjà quarante ans, comme je l'ai prouvé moi-même au mot *Création*, dans l'*Encyclopédie du XIX*e *siècle*, est le commentaire le plus naturel de la Genèse. Il n'est rien non plus dans la doctrine de l'antiquité de la terre et de la vie à la surface de la terre qui ne soit conforme aux livres saints bien compris. Chacun de nous, prêtres catholiques, est prêt à refaire le sermon que M. Tyndall a trouvé si surprenant et si édifiant. Nous connaissons l'origine et la date la plus reculée de la civilisation de l'Égypte. A part le char qui a transporté l'imagination de l'éloquent physicien, la civilisation de la terre de Chanaan n'était pas inférieure à celle de l'Égypte. Joseph n'était pas plus barbare que Pharaon, il l'était, au contraire, beaucoup moins, puisque Pharaon admira sa sagesse et le constitua maître de sa maison, administrateur général de son empire. Les fragments d'œuvres d'art trouvées dans les dépôts du Nil n'assignent nullement à l'homme une antiquité incompatible avec le récit des livres saints. Ces dépôts constituent un véritable delta, des terrains quaternaires ou même récents, dont la formation ne remonte certainement pas à dix mille ans. Des faits incontestables prouvent que l'ancienneté des restes de l'industrie humaine n'est nullement mesurée par la profondeur à laquelle ils se trouvent, ni proportionnelle à cette profondeur. Enfin, les restes organiques enfouis dans les roches qui bordent la vallée du Nil, comme ceux des couches les plus profondes, n'ont aucun rapport avec l'ancienneté de l'apparition de l'homme sur la terre.

M. Tyndall, en finissant, soulève une question formidable, la nature réelle, absolue et relative de l'esprit et de la matière. Il oublie que l'esprit est doué d'une activité propre et essentielle, tandis que la matière est inerte. Mais cette question touche aux mystères qui effrayent le plus l'intelligence humaine : la création, le passage du néant à l'être, les rapports de l'être fini à l'être infini, de l'être créateur à l'être créé. Dieu a créé la matière, aussi bien que l'esprit; si l'esprit est une monade active et personnelle, la matière se résout dans un ensemble de monades simples, inertes et impersonnelles, etc. Autrefois, dans une dissertation intitulée : *Comment les êtres sont en Dieu*, que les *Annales de philosophie chrétienne* de M. Bonnetty ont publiée le 31 janvier 1839, j'ai essayé de soulever un coin du voile, mais non sans soulever une ardente controverse. Aujourd'hui je me contente d'adorer en silence, de reconnaître l'impuissance et l'insuffisance de ma raison, et d'attendre avec confiance le moment où il me sera donné de voir la lumière dans la lumière même. *In lumine tuo videbimus lumen.* J'invite cordialement M. Tyndall à faire comme moi.

FIN.

TABLE DES MATIÈRES.

LA LUMIÈRE.

SUR LE ROLE SCIENTIFIQUE DE L'IMAGINATION.

FIN DE LA TABLE DES MATIÈRES.

Paris. — Imp. Gauthier-Villars et fils, 55, quai des Grands-Augustins.

www.ingramcontent.com/pod-product-compliance
Ingram Content Group UK Ltd.
Pitfield, Milton Keynes, MK11 3LW, UK
UKHW021046230726
13926UKWH00004B/1669